大偵探福爾摩斯

SHERLOCK HOLMES

探究系列

文字與圖書

匯識教育有限公司

目錄

文字

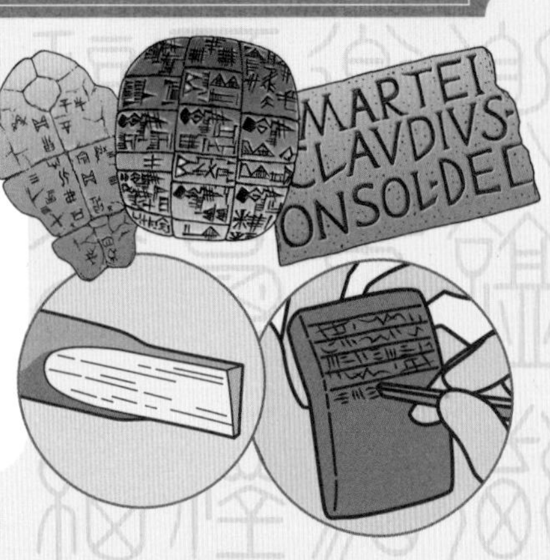

書籍

一本福爾摩斯的誕生

圖書館

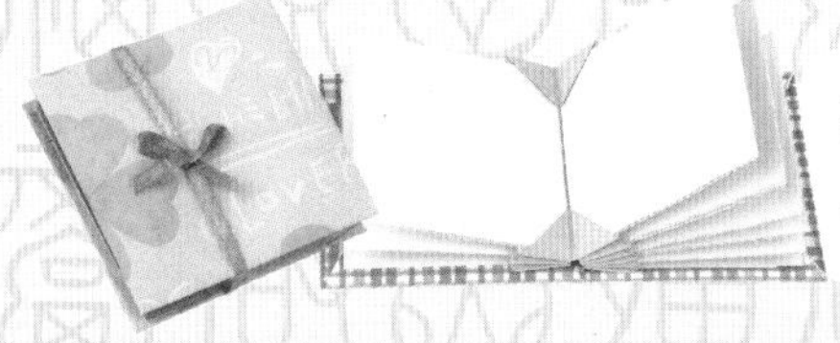

登場人物介紹

福爾摩斯

居於倫敦貝格街 221 號 B。精於觀察分析，知識豐富，曾習拳術，是倫敦最著名的私家偵探。

華生

曾是軍醫，為人善良又樂於助人，是福爾摩斯查案的最佳拍檔。

愛麗絲

房東太太親戚的女兒，為人牙尖嘴利，連福爾摩斯也怕她三分。

小兔子

扒手出身，少年偵探隊的隊長，最愛多管閒事，是福爾摩斯的好幫手。

狐格森　李大猩

蘇格蘭場的孖寶警探，愛出風頭，但查案手法笨拙，常要福爾摩斯出手相助。

文字
MARTEI
CLAVDIVS·
ONSOL·DEI
福爾摩斯先生常常看書呢！
書是何時開始出現的呢？
要了解書的發展，先要了解文字。

文字的發展與演變

俄羅斯

希臘

敘利亞

比布羅斯

埃及

尼羅河

紅海

伊拉克

波斯灣

幼發拉底河

美索不達米亞平原

底格里斯河

MARTEI
CLAVDIVS-
ONSOL-DED

閃米特字母

埃及字

楔形文字／丁頭字

三大古典文字

楔形文字 / 丁頭字

公元前 3500 年～公元前 600 年

古代民族聚居地：

Ⓐ蘇美爾　Ⓑ阿卡德

Ⓒ巴比倫　Ⓓ亞述

埃及字

公元前 3000 年～ 500 年

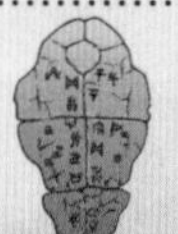

漢字

公元前 1300 年～現今

圖例：Ⓐ－Ⓓ 地名
❶－❺ 閃米特字母的發展路線
❺
哈薩克
阿拉伯字
阿富汗
中國
漢字
伊朗
❷
巴基斯坦
印度字
मैं हिन्दी सीख रहा हूँ
印度
阿拉伯海
字母文
傳播開去，並發展成不同的字母系統。
閃米特字母
公元前 1100 年
MARTEI
CLAVDIVS·
ONSOL·DEI
閃米特字母——阿拉馬字母
❶ 阿拉伯字母
❷ 印度字母
❸
希臘字母
❹ 拉丁字母
❺ 斯拉夫字母
文字

楔形文字／丁頭字

丁頭字是蘇美爾人創造的，流通了 3000 多年，但隨着亞述帝國覆滅，丁頭字也消失了。

丁頭字的演變

丁頭字最初是一種象形字，後來人們為求方便，用蘆葦桿在濕泥板上壓印，壓出來的字就像由一根根釘子（或楔子）組成那樣。

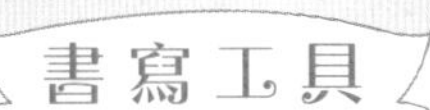

書寫工具

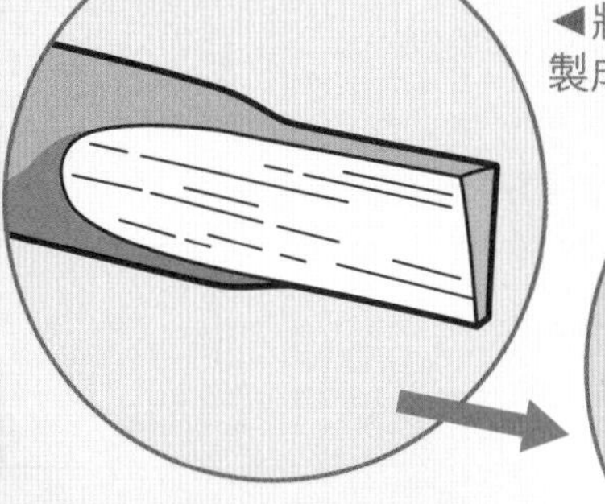

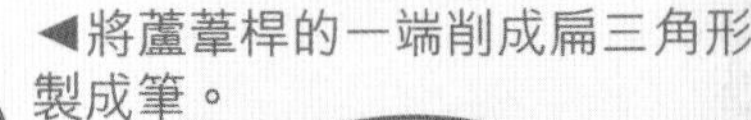

◄將蘆葦桿的一端削成扁三角形製成筆。

►握着蘆葦筆，便能在濕泥板上壓印出丁頭字。

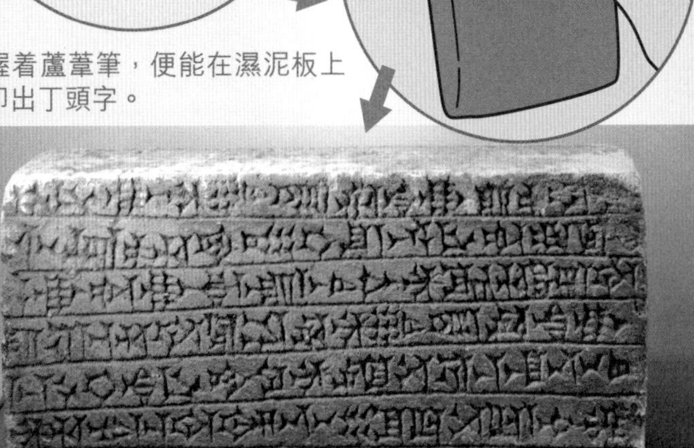

▲把泥板曬乾或烘乾後，文字能長久保存。

丁頭字為甚麼消失了？

用來壓印丁頭字的泥板笨重，不便攜帶，遠不及把文字寫在來自埃及的莎草紙上方便。因此，當線形的閃米特字母傳來，人們都用莎草紙書寫新的文字了。

埃及字

埃及字有 3 種字體：聖刻體、僧侶體、世俗體，這些字體的名稱都是希臘人改的，不是埃及人自己的說法。

▲羅塞塔石碑上刻了聖刻體、世俗體和古希臘文，為解讀埃及字提供重要線索。

聖刻體

又稱為「聖書」，這種字體精美細緻，主要是雕刻在神廟牆壁和墳墓石碑上，用來歌頌神明和帝王。

僧侶體

是聖刻體的草體，較簡化，用來作一般的文字記錄，但後來主要用作書寫宗教讀物。

世俗體

在聖刻體和僧侶體存在了 2000 年以後才產生，是一種更簡化，寫起來更快速的字體，但難以閱讀。

聖刻體		
僧侶體		
世俗體		
讀音和意義	romet 人	per-o 法老王

埃及字和丁頭字一樣，最終也退出了歷史舞台。

埃及字為甚麼消失了？

埃及字接近是「一國獨用」的文字，沒有廣泛傳播開去，主要原因有兩個：一是用來書寫埃及字的莎草紙盛產於尼羅河三角洲，別的地方很少，人們沒工具去書寫。二是埃及的政治和軍事力量不足，遭希臘入侵後，人們更改學希臘字母。

小知識 文字的神秘力量

不單古埃及人把文字看作神聖，世界各地不同民族也相信文字擁有神秘力量。

古埃及人相信喝下澆過石刻的聖水可以治病。

中國人相信測字、解籤等可預知命運。

西方魔法相信唸咒語能讓人擁有能力。

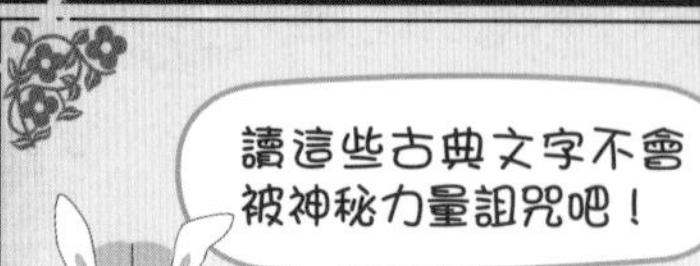

讀這些古典文字不會被神秘力量詛咒吧！
當然不會，有古典文字至今仍通用呢。

漢字

漢字是至今唯一仍通用的古典文字，從甲骨文到楷書，逐漸把圖形的線條改成筆劃。

甲骨文　大篆　小篆

隸書　楷書

漢字的結構

漢字的造字法則稱為「六書」，即象形、指事、會意、形聲、轉注、假借。但漢字並不是依據「六書」設計出來，那是後人分析歸納出來的系統。

漢字最初主要是象形字和指事字。

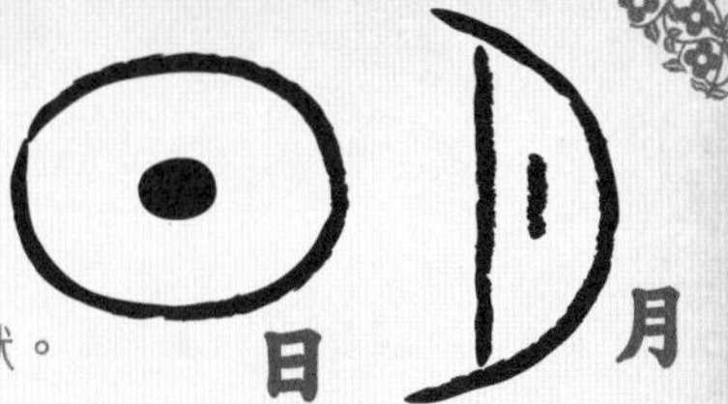

日
月

象形字是描寫實物的形狀。

指事字是用「指事符號」表示抽象的概念。

木
象形字

本
指事符號，表示樹的根本。

指事符號，表示樹的枝末。
末

後來，把象形字組合起來，表示一個概念，就是會意字。

「人」在「木」旁，代表人倚在樹旁小休。
休

現時，90% 以上的漢字都是形聲字，由「意符」和「聲符」組成。

聲符
江
意符

轉注是「異字同義」，例如頂、顛都解作頂。假借就是口語裏有這個字，但沒有相應的文字，便借發音相似的字來表示。

例如「北」原解作背面，但借來表示北方的北。

文字

漢字式的字母字

漢字還傳播開去，促成其他新的文字誕生。

日文

中國晉朝時，百濟學者阿直岐把《論語》和《千字文》帶到日本，還做了皇太子的老師，使漢字正式傳入日本。

音讀與訓讀

在漢字傳入日本以前，日本只有口語，沒有文字，於是借漢字來表達日語，用音讀和訓讀兩個方法來讀漢字。

音讀

使用漢字傳入來時的讀音，但一般也會把漢語音節「折合」成日語音節，例如把「東京」讀成「Tokyo」。

tori
有「tori」呀！

但「tori」沒有字，寫不了。

訓讀

借用漢字的意思，但不借讀音，以解決原本有音無字的問題。

借漢字的「鳥」吧。
漢字：鳥
中文讀音：niǎo
日語讀音：tori
訓讀

漢字與假名的關係

萬葉假名

被直接借去表音的漢字稱為萬葉假名。

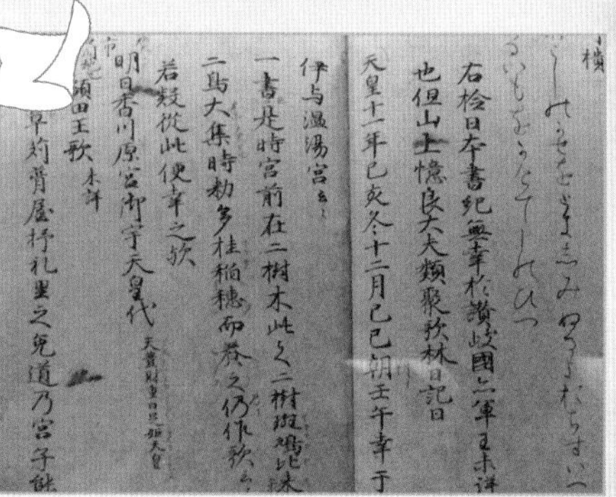

右檢日本書紀無幸於讃岐國之年
也但山上憶良大夫類聚歌林曰
天皇十一年己亥冬十二月己巳朔壬午幸于
伊与溫湯宮
一書是時宮前在二樹木此之二樹斑鳩比米
二鳥大集時勅多挂稻穗而養之仍作歌
若疑從此便幸之歟
明日香川原宮御宇天皇代
額田王歌 未詳

►《萬葉集》是日本借用漢字作為音符寫成的古代歌集。

片假名

佛教傳入日本，奈良和尚取「楷書的片段」為漢字注音，形成片假名。

例

音：na

平假名

平安時代盛行漢字的草書，平假名從中演化出來。當時平假名又稱為「婦女字」，識字不多的婦女才寫，正式的文書和男人仍寫漢字。

例

楷書：由

草書：由 → ゆ

音：yu

但歷經多年後，假名也發展成熟，日文就成了今天漢字與假名並用的樣子。

韓文

韓國和日本一樣，最初沒有自己的文字，於是借漢字來表達自己的語言，但正式文書卻用漢字文言文。

中國人學文言文也要十年寒窗苦讀，韓國人學文言文不是更困難嗎？

所以到了15世紀，韓國人就自創一些簡單音標，那就是現今的韓字。

現今的韓字

現今的韓字創製於1443年，刊於《訓民正音》一書中，又稱為「正音字」。因為最初在宮中的諺文廳教授，亦稱為「諺文」。

韓字由諺文字母組成，分為初聲、中聲和終聲。

從上至下。

국

初聲：k
中聲：u
終聲：k

音：kuk　意：國

有的字只有初聲和中聲，但沒有終聲。

從左至右。

가

初聲：k
中聲：a

音：ka　意：家

有的則只有中聲和終聲。

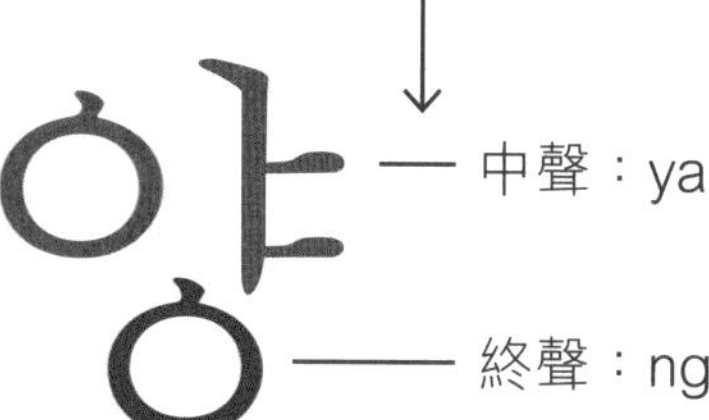

音：yang　意：羊

諺文的發展

諺文比漢字文言文更易於學習，但最初的推行卻不太順利，16 世紀還曾一度禁用諺文。要到 17 世紀，民間文人用諺文翻譯了《西遊記》等中國名著，諺文始在民間流行起來。後來，諺文終於被知識分子接受，產生了漢字和諺文夾用的混合體。二戰期間，諺文成為愛國的標誌，至 1948 年廢除漢字，全用諺文。

廢除漢字的壞處

由於韓國用漢字已有多個世紀，古代的匾額、文獻、書籍等，多借用漢字或用漢字文言文寫成，全面廢除漢字，直接使新一代無法閱讀，理解不了自己的歷史文化。

►為保存古貌，不少韓國宮殿的匾額仍採用漢字。

字母的誕生

腓尼基商人與字母

字母文字比古典文字晚了2000年誕生，但卻能流傳至廣，也能流傳至今。

►22個表音的腓尼基字母。

遠在公元前1100年前，住在地中海東岸的北方閃米特人以經商維生。

他們擅於生產紫色染料，古希臘人稱他們為腓尼基人。*

*Phoenicians 來自希臘語 Phoinix（紫色染料），也解作「商人」。但他們稱呼自己是迦南人。

腓尼基人最初用丁頭字書寫，但攜帶泥板經商很不方便。

商人也沒有時間學習和書寫繁難的文字。

為了提高效率，他們設計出外形簡單的腓尼基字母。

腓尼基人從埃及運來莎草紙，並用它來寫新文字。最初，他們只用來記錄商品資料，但求務實，沒特別追求美感，更沒想過要流傳後世。然而，字母卻意外地廣受歡迎，更發展出不同的字母系統。

小知識 書和聖經的英文都來自腓尼基嗎？

比布羅斯（Byblos）是古代腓尼基的主要貿易港城，古埃及人造的莎草紙都是在比布羅斯進行交易。古希臘人從比布羅斯購得莎草紙，稱它為「biblos」，即「book」的意思，聖經「bible」一詞也是與 Byblos 的地名有關。

Byblos
Biblos = book
bible

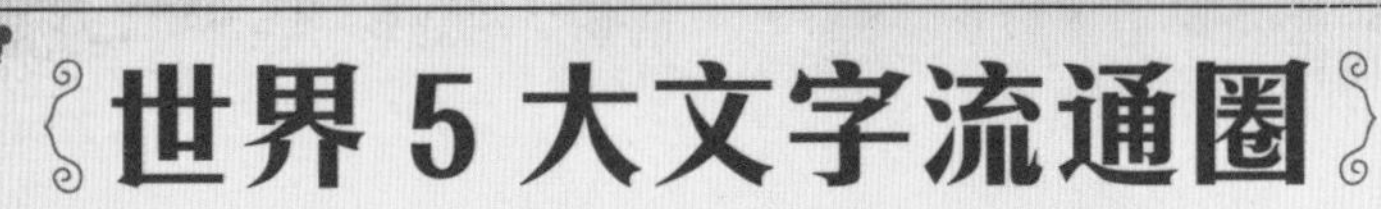

世界 5 大文字流通圈

腓尼基字母傳播到各地後，發展成阿拉伯字母系統、印度字母系統和希臘字母系統，羅馬人把希臘字母改造成拉丁字母，中世紀的傳教士則把希臘字母改造成斯拉夫字母，漸形成現時的 5 大文字流通圈。

世界文字分佈示意統計圖

（按土地面積比較）

❶漢字流通圈

流通範圍：
主要是中國和日本。

早安（中文）

おはよう＊（日文）

＊日文以假名為主，漢字為副。

❷斯拉夫字母流通圈

流通範圍：
俄羅斯、哈薩克等斯拉夫民族國家。

привет（俄文）

③阿拉伯字母流通圈

流通範圍：中東的阿拉伯國家。

④印度字母流通圈

流通範圍：印度、泰國、緬甸等東南亞國家。

⑤拉丁字母流通圈

流通範圍：以西歐為中心，傳播到大半個地球。

字母為甚麼能廣泛流通？

三大古典文字都只是表現字的音節，但字母能分析出字的元音和輔音，有極寬的適應性，只要作些變更，就可以書寫任何語言。

西方傳教士初到中國時，也是用拉丁字母為漢字注音來學習中文，逐漸發展成現今的漢語拼音。

藍

中文字是 1 個字 1 個音節。

字母能表現字的元音和輔音。

文字的魔法

文字的外形有各式各樣變化，有的是因為書寫工具改變了，有的是為了更容易閱讀和書寫，也有的是為了表現字的美。

印刷術與印刷字體

印刷術的到來，不單使文字得以傳播，也帶來了設計多樣的印刷字體。

用電腦打出來的字全是印刷字體。

但你們知道這些字體有甚麼特點嗎？

 拉丁字母的印刷字體 

❶哥德體 / 哥特體（Gothic）

哥德體又稱黑活字（Blackletters），是中世紀歐洲用來抄寫經書的字體，也是最早被用於古騰堡印刷術的字體。

哥德體華麗，但不易閱讀，現僅見於書法或裝飾性文字。

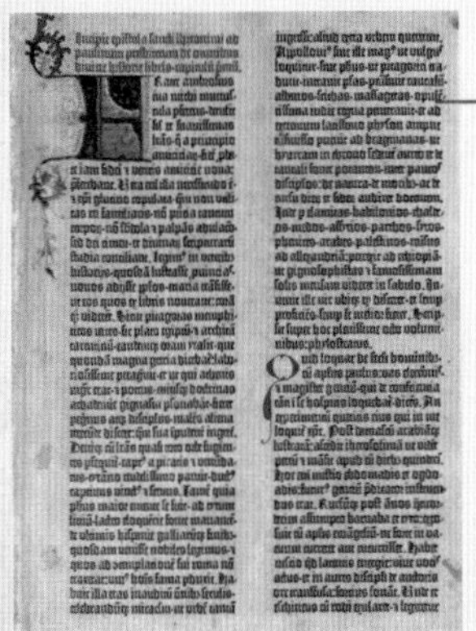

	Textur	Rotunda	Schwa-bacher	Fraktur
a	a	a	a	a
d	d	d	d	d
g	g	g	g	g
n	n	n	n	n
o	o	o	o	o
A	A	A	A	A
B	B	B	B	B
H	H	H	H	H
S	S	S	S	S

▲哥德體有不同的字款，古騰堡在 1455 年印刷的《古騰堡聖經》是用了 Textur。

❷襯線體（Serif）

襯線即是筆畫的末端有裝飾細節。

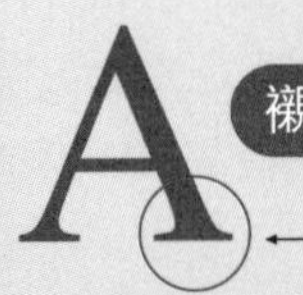

義大利人認為哥德體是蠻族的字體，決意另創能代表「羅馬文明」的字體。他們從古羅馬的石刻中取得靈感，在 1470 年左右設計出早期的襯線字，襯線字簡美易讀，很快便成為西方印刷的主要字體，直至現今。

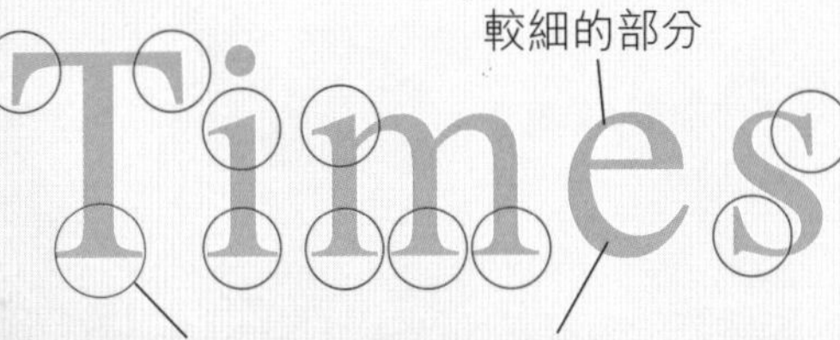

◀最常用的「Times New Roman」是襯線體的一種，外形稜角分明，清晰易讀。

▼羅馬圖拉真柱上的刻字

SENATVSPOPVLVSQVEROMANVS
IMPCAESARIDIVINERVAEFNERVAE
TRAIANOAVGGERMDACICOPONTIF
MAXIMOTRIBPOTXVIIIMPVICOSVIPP
ADDECLARANDVMQVANTAEALTITVDINIS
MONSETLOCVSTAN[illegible]IBVSSITEGESTVS

TRAJAN

◀字體「Trajan」就是參考圖拉真柱設計。由於羅馬時代還沒有小寫字母，因此「Trajan」把大寫字母縮小來代替小寫字母，是一種小型大寫字母。

*Trajan，羅馬皇帝圖拉真的英文拼寫。

❸ 無襯線體（Sans Serif）

無襯線體與襯線體的歷史不相上下，但過往的人們似乎都偏好襯線體，無襯線體就被封印了。直到二次大戰後，人們的審美觀大大改變了，認為無襯線體簡潔、前衛。「Folio」、「Helvetica」和「Univers」在 1957 年上市後，無襯線體一度成為新時代的代表。

▲許多公司的商標都採用「Helvetica」，例如微軟（Microsoft）、3M 等，也是蘋果手機 iOS 7 與 iOS 8 系統的預設字體。

漢字的印刷字體

漢字的印刷字體同樣可分為襯線體和無襯線體，一般分別稱為明體和黑體。

❶ 明體

中國宋代，畢昇發明了活字印刷術，宋人模仿漢字的楷書作為印刷字體，到了明朝流傳至日本，日本稱它為「明朝體」，後來台灣、港澳地區隨之稱為「明體」，在中國大陸則稱為「宋體」。

明體是有襯線體，筆畫有粗細變化，模仿楷書的點、橫、豎、撇、捺等，較像手寫字。

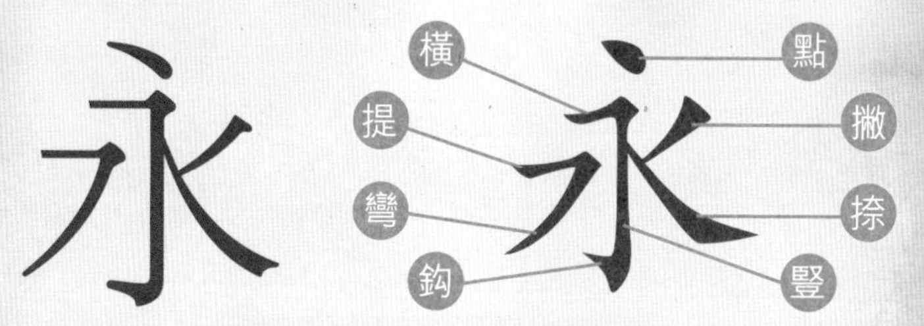

▲新細明體為明體的一種。　▲楷書的運筆技法

❷ 黑體

過往的漢字印刷品一般都採用襯線體，黑體多用於標題或廣告。但近年發現，在電腦上看無襯線體的感覺較舒服。因此，於 2007 年投入市場的 WindowsVista 和 Office2007 都新增「微軟正黑體」，更是 WindowsVista 和 Windows 7 的預設字體。

▲微軟正黑體

文字的聲音與情緒

漫畫是沒有聲音，但可以利用音效字的大小、粗幼、形狀等，來營造有聲音的感覺；也可以用不同的字體，分別說話的性質、加強語氣和情緒、營造氣氛等。

❶ 音效字

▲愈粗、愈大的音效字，給人聲量愈大的感覺。

►如岩石般斷裂的字體能營造重擊聲。

BAM--!!

◄字體呈尖角給人聲調極高、刺耳的感覺。

❷ 字體的應用

案發地點的鬼屋，在百多年前是德古拉伯爵的豪宅，但一場火就把它燒毀了。
看來這與蘭伯利的吸血鬼傳說有關……

▲旁白和對白分別用楷體和黑體，讓讀者能瞬間辨識它們。

►古印體能凸顯驚慌、顫抖、恐懼等情緒。

喂……前面那些石頭是…？

但說起來，她不但漂亮和聰慧，還是一個好人。
看，你不是被迷暈了嗎？

◄用俏皮體等圓字，凸顯少女、陶醉、夢幻的感覺。

文字圖像化

文字不單是一筆一劃，也能繪成獨具特色的字體圖案，加強觀者對它的印象。

用不少商標也有將文字圖像化。

BEA東亞銀行

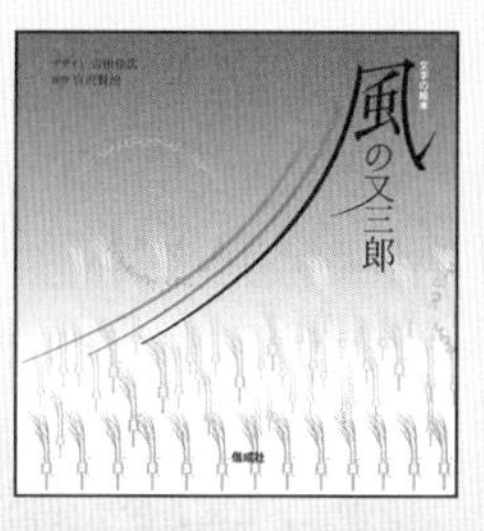

►文字繪成畫面的一部分。

▲以斜立的放大鏡構成「O」和「M」的部分。

圖像詩 

利用文字本身包含的聲音和視覺效果，做到「詩中有畫，畫中有詩」。

〈戰爭交響曲〉

〈戰爭交響曲〉是一首著名的圖像詩。全詩透過文字排列營造出視覺動感，雖然沒有話語，卻對戰爭的殘酷提出強烈控訴。

兵兵兵兵兵兵兵兵兵兵兵兵兵兵兵兵兵兵兵兵兵兵兵兵
兵兵兵兵兵兵兵兵兵兵兵兵兵兵兵兵兵兵兵兵兵兵兵兵
兵兵兵兵兵兵兵兵兵兵兵兵兵兵兵兵兵兵兵兵兵兵兵兵
兵兵兵兵兵兵兵兵兵兵兵兵兵兵兵兵兵兵兵兵兵兵兵兵

兵兵兵兵兵兵兵兵兵兵兵兵兵兵兵兵兵兵兵兵兵兵兵兵
兵兵兵兵兵兵兵乒兵兵兵兵兵兵兵乓兵兵兵兵兵兵兵乒
乒乓乒乓乒乒乓乓乒乓乒乓乒乒乓乓乒乓乒乓乒乒乓乓
乒乒乒乒乒乒乒乒乓乓乓乓乓乓乓 乓乒乒乒乒 乒 乓
乓 乓 乒 乓乒 乒乒 乓乒乒 乒 乓乓
乒 乒 乓 乒 乒 乓 乒 乓 乒 乒 乒 乓 乒
乒 乒 乓 乓 乓 乒 乒 乓 乒 乓 乒
乒 乓 乓 乓 乒 乓
乒 乓 乒 乓 乓
乒 乓

丘丘丘丘丘丘丘丘丘丘丘丘丘丘丘丘丘丘丘丘丘丘丘丘
丘丘丘丘丘丘丘丘丘丘丘丘丘丘丘丘丘丘丘丘丘丘丘丘
丘丘丘丘丘丘丘丘丘丘丘丘丘丘丘丘丘丘丘丘丘丘丘丘
丘丘丘丘丘丘丘丘丘丘丘丘丘丘丘丘丘丘丘丘丘丘丘丘

* 文章經刪減，原文請參閱陳黎詩集《島嶼邊緣》。

戰爭剛開始，士兵整齊列隊。

戰爭開始後，陣形逐漸被打散，士兵有的缺了左腳，有的缺了右腳，變成「乒」、「乓」。

戰爭結束後，乒、乓們都變成了「丘」，是一座座的墳墓。

讀字時代與讀圖時代

隨着科技的發展，聊天軟件已成為人與人之間重要的溝通橋樑，同時文字也開始被豐富的繪文字（emoji）、貼圖、圖片、影像等取代。

繪文字

繪 = 圖形
文字 = 圖形的隱喻

	圖形：笑臉 隱喻：笑、開心等。
	圖形：豎起拇指 隱喻：讚賞、贊成等。
	圖形：蛋糕 隱喻：蛋糕、甜品、食物、生日等。

但時常用這些現成的繪文字，會使人懶於思考怎樣用文辭作更準確、深刻的表達。長久下去，語文能力和思考能力也會下降。

謎題 ❶

你能把下面的碎片拼成 6 個英文字母嗎？

謎題 ❷

把上題答案的 6 個字母拼成一個字，可以在專輯中找到答案啊。

這字是甚麼意思？

書籍

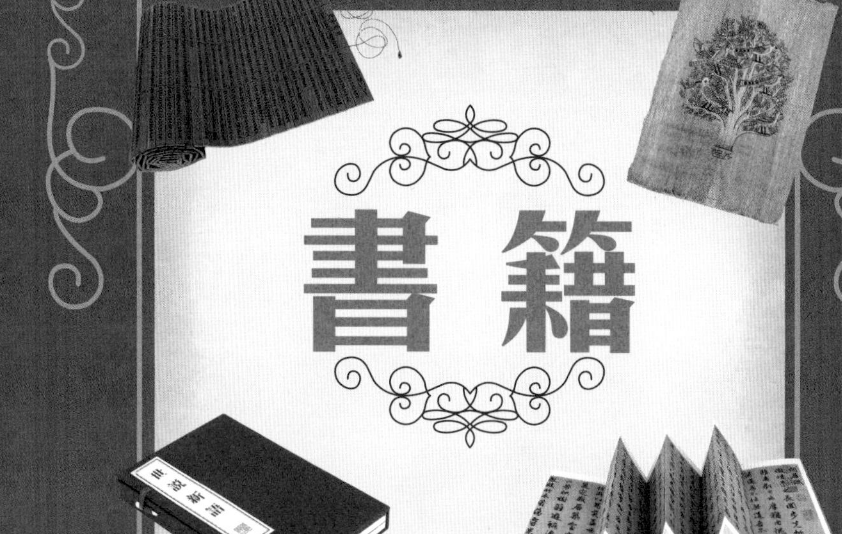
世說新語

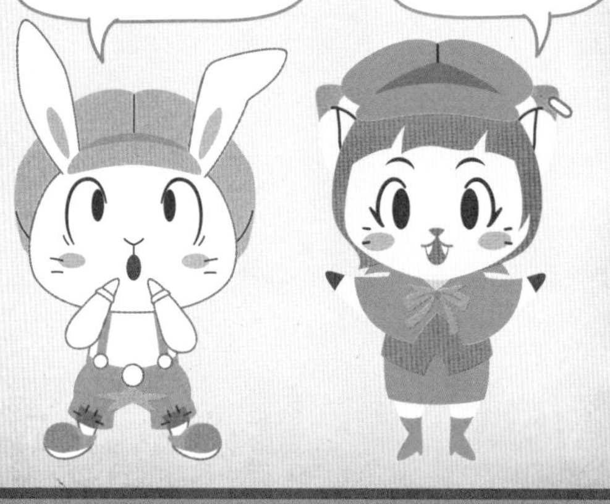
上面的全都是書？
你要先了解甚麼是書。

書籍風貌

何謂「書」？

根據聯合國教科文組織（UNESCO）的定義，書是「不計算封面、最少有 49 頁的非定期印刷刊物」。

不過，只從頁數為現代書本定義，似乎略顯不足。試想想書籍的內容、功能，還有我們對它的要求，看看究竟書是甚麼東西：

1. 主要刊載了文字和圖像供我們閱讀。
2. 能夠保存以前的資料，當我們閱讀一本書時，便可以獲得數百、甚至數千年前著書人的知識與見解。
3. 為了可隨時隨地閱讀，書本通常易於攜帶，字體適中易看。

由此總括而言，書是裝訂成冊，主要從視覺上表達內容，能保存和傳播知識，且攜帶方便的東西。

► 17 世紀荷蘭畫家 Matthias Stom 的《Young Man Reading by Candlelight》。其實自 15 世紀印刷術盛行於歐洲後，書籍得以普及，一般民眾也能購買和閱讀書本了。

「書」來自何方？—探究書的字源

「書」，英文為 book。只要檢視「書」的古時字形，就可知道它原本並非表示物件，而是表達一種行為。至於 book，則與它本來的製作材料大有關連。

書寫一本書

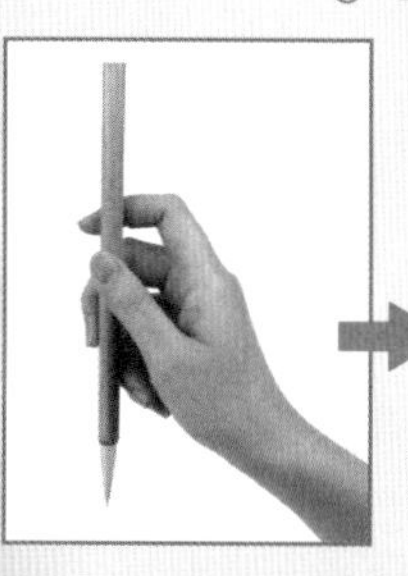

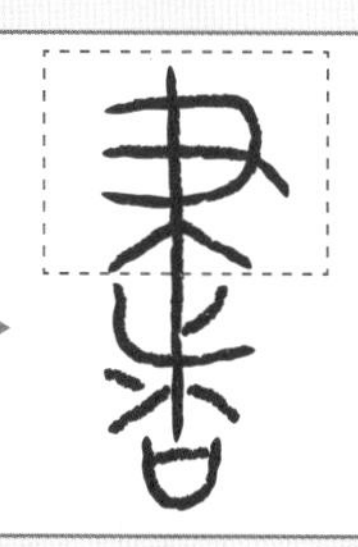

*此字的下半部為「者」，是表示讀音的聲符，古時書和者的韻母相同。另外，據説「者」可指「人」，所以「書」也有執筆寫字之人的意思。

上圖是「書」的金文（鑄於金屬器皿上的古老文字），上半部的形狀像以手拿筆。由此可見，此字最初有書寫的意思，後來演變成表示實物的書。

「書」初時表示「書寫」，當時人們若要表達實物的書，也可用「冊」、「典」等字。

右圖是甲骨文形態的「冊」字。當中的直線，一說是竹片，另一說是龜甲，橫圈則是將之連結在一起的繩子。

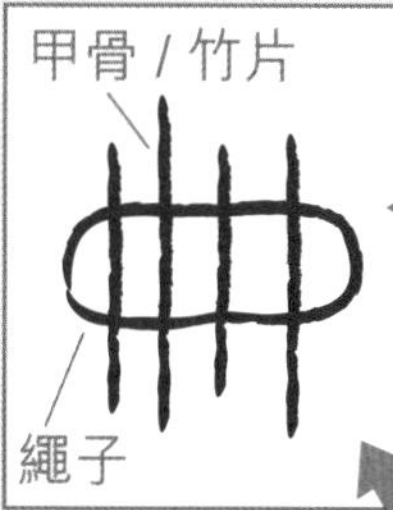

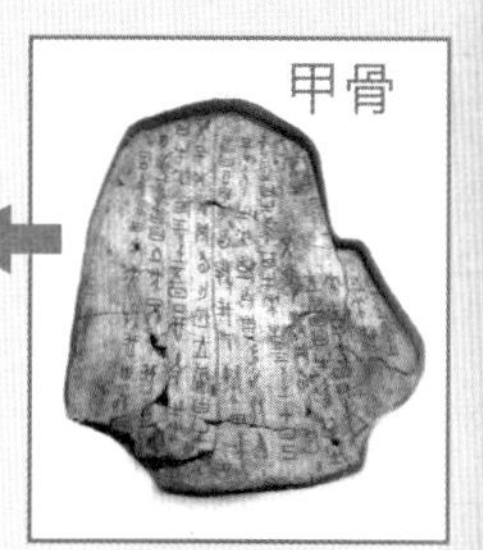

▲人們在甲骨上鑽孔，以繩連結，造成「龜冊」。若用繩把竹片繫在一起，便成為竹簡。

簡冊

手

左圖是「典」的甲骨文，上面是「冊」，下面的「ㄨㄨ」，猶如以雙手捧冊，表示那是重要的書籍。

甲骨文是中國早期的文字，現時發掘到的多是商代的甲骨。當時人們遇有疑難，多以占卜解決。他們燒灼龜甲或獸骨，根據燒出的裂紋判斷吉凶，並將占卜日期、原因、吉凶意思等資料刻在上面，便成為甲骨文。

Tree & Book

至於 book，源自古代英文 bōc，意思是一冊以文字或圖像組成的手寫文件。據說這個字是從一種樹「beech」（山毛櫸）一字演變而成，相傳古代的歐洲人曾利用其木材製造蠟板，以硬而尖的筆在上面刻字。

▲山毛櫸又名水青岡，主要分佈於亞洲、歐洲和北美洲。

寫在甚麼上面？

現在書本通常是紙造的，不過，在發明紙張前，人類已利用各種東西去記事。現在，我們來看看古人會使用哪些東西作為書寫材料吧！

泥板

早於公元前 3000 多年的美索不達米亞（今日的伊拉克），人們將濕潤的黏土製成泥板，在上面寫字，再把泥板放於火中烤硬就完成了。

►美索不達米亞的泥板，約於公元前 2500 年製成，上面的楔形文字是世界最早的文字之一。

石頭

上古時期，世界許多地方都有以石頭記事的情況。人們直接在石上刻字，雖然可長期保存，但石頭笨重，攜帶不便。

◄漢摩拉比法典石柱的頂部。石柱約於公元前 1700 多年以玄武岩製成，柱身刻有古巴比倫國王漢摩拉比頒下的法律。

莎草紙

在公元前 3000 多年，古埃及人利用尼羅河附近的紙莎草，製成莎草紙記事。後來這種紙傳到希臘和羅馬帝國，直到公元六世紀時仍被採用。

不過，莎草紙容易因潮濕而腐爛，在乾燥的埃及中才能較易長時間保存。順帶一提，莎草紙的英文 papyrus 是 paper 的詞源。

▲莎草紙。

甲骨

盛行於商代，以獸骨或龜甲製成的書寫材料。右圖為於河南安陽出土的商代武丁時期卜骨（占卜用的甲骨）。

青銅器

早於商代就出現，是主要以銅錫合金鑄成的器皿。古人在鑄製時刻上文字，該文字就稱為「金文」、「銘文」或「鐘鼎文」。

►罍（音：雷，古代一種盛酒的容器），上有銘文，記載西周天子封「克」此人於燕地之事。

簡策

這是中國春秋、戰國、秦、漢時期主要的書寫材料，以竹或木製成，以麻繩或皮繩串連起來。一根竹片叫「簡」，將眾多竹片編在一起的叫「策」或「冊」，用作書寫的木片稱為「札」、「版」或「牘」（音：讀）。

簡策較笨重，手拿起來既辛苦又不方便，若數量多時，甚至要用車運載。

古人以毛筆在簡策寫字，寫錯時就用小刀把該部分削去。

縑帛

古人用縑帛記事的時期與簡策相約。它是絲織品，用這材料寫出的書通稱「帛書」。帛書較簡策輕便，但價錢高昂，平民難以負擔。

►《黃帝四經》帛書，上面有紅色界行，方便書寫。

羊皮紙

大約公元2世紀時，帕加馬（今日的土耳其貝爾加馬）國王歐邁尼斯二世將動物毛皮加工作為記事工具。羊皮紙的英文parchment就是源於「帕加馬」（Pergamon）。雖名為羊皮紙，但除了羊皮，也用小牛皮製作。它比莎草紙耐用，但製作過程繁複，成本亦較高。不過，它仍是歐洲古代重要的書寫材料。

▲不少羊皮紙手抄本中有精美的圖畫。此頁來自約 15 世紀寫成的福音書，講述耶穌出生時，三位賢士來朝拜的故事。

紙

造紙術是中國四大發明之一，早於西漢時期就已出現紙。及至東漢，宦官蔡倫改良造紙技術，利用樹皮、破漁網、破布等材料，造出品質較高的紙張。後來這種技術傳至其他地方，紙張便逐漸取代其他東西，成為世界最主要的書寫材料。

►明代著作《天工開物》中介紹造紙方法，圖為其中一個步驟「蕩料入簾」。

莎草紙和羊皮紙也是紙吧？

你錯了！紙在製造過程中，纖維會分解、互相交織，因而更為堅韌，但莎草紙的纖維只是黏疊在一起。而羊皮紙則只是用動物的皮加工而成，與由植物纖維構成的紙大有分別呢！

書籍大解剖

現代書本的構造我們不會感到陌生。不過，大家對它的各個部分是否瞭如指掌？

書體構造

先以硬皮精裝書為例，來看看書的結構吧！

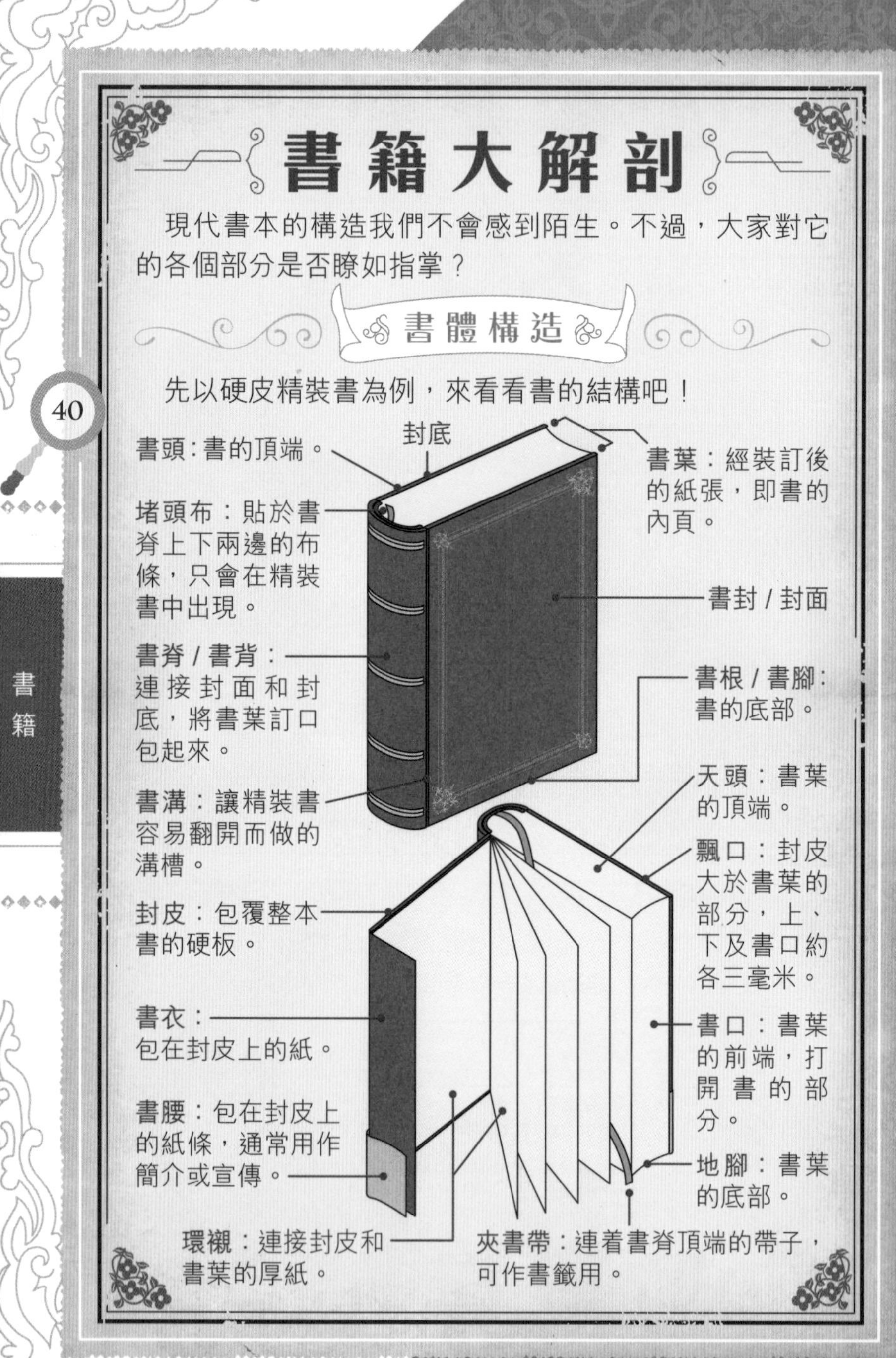

封底
書頭：書的頂端。
堵頭布：貼於書脊上下兩邊的布條，只會在精裝書中出現。
書脊／書背：連接封面和封底，將書葉訂口包起來。
書溝：讓精裝書容易翻開而做的溝槽。
封皮：包覆整本書的硬板。
書衣：包在封皮上的紙。
書腰：包在封皮上的紙條，通常用作簡介或宣傳。
環襯：連接封皮和書葉的厚紙。
書葉：經裝訂後的紙張，即書的內頁。
書封／封面
書根／書腳：書的底部。
天頭：書葉的頂端。
飄口：封皮大於書葉的部分，上、下及書口約各三毫米。
書口：書葉的前端，打開書的部分。
地腳：書葉的底部。
夾書帶：連着書脊頂端的帶子，可作書籤用。

內頁構造

切口：頁面的邊沿。

頁眉：內文上下或旁邊安放書名或章節名的位置。

跨頁：裝訂後左右兩頁。

「這個……」瘦皮猴想了想，「囚犯們只是在飯堂內進行維修工程，波利先生帶着兩個警衛來視察罷了，並沒有發生什麼事情啊。不過，在爆炸前一刻，聽到飯堂內有人大叫『搶槍』和『我看不見呀』什麼的。」

「唔？你好像很清楚事發前的經過呢？」李大猩以懷疑的語氣說。

「因為我負責看守囚犯們裝修飯堂，波利先生他們也是我帶進來的。」

「什麼？是你負責帶進來的？」李大猩頓起疑心，「但你為何沒被炸傷？」

「這……因為我要上廁所，剛走出門口十來步，就發生爆炸了。」

「嘿嘿嘿……」李大猩冷笑幾聲，突然揪住

46

爆炸現場

瘦皮猴的衣領喝道，「怎會這麼巧合，你肯定是借尿遁！爆炸一定與你有關！」

「不！不！不！」瘦皮猴慌忙否認，「我……我怎會幹這種事？」

「哼！你一定是給刀疤熊買通了！」狐格森也高聲喝道。

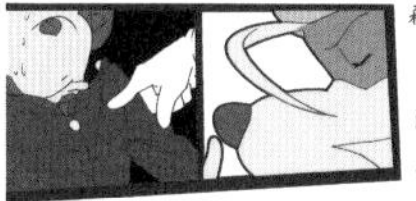

「且慢。」福爾摩斯舉手一揚，制止蘇格蘭場孖寶幹探說下去。他走到瘦皮猴的面前，摸了摸黏在他衣服上的黑灰，放到鼻子上嗅了嗅。

47

頁碼

內文：頁面安置內容的位置。

餘白：內文與切口之間四邊空白的位置。

訂口：書頁裝訂的位置。

單頁：裝訂後的一頁。

健力士世界紀錄中，最厚的書是 2020 年於印度出版的《Shree Haricharitramrut Sagar》。它厚達 496 毫米，重 9.5 公斤，共 10,080 頁。不知我能否拿起來呢？

一本書的誕生

要製成書本需要多個步驟，以下是其簡單過程：

作者

將稿件交到出版社。

出版社

將稿件排成初稿，和設計封面等。

排稿 → 校對

排稿後，編輯會檢查初稿的錯字、資料等，一般會校對兩次。

設計

設計書的封面和頁面，令書變得美觀。

印刷廠

印刷 → 裝訂

發行商

發行

將裝訂好的書從印刷廠分發到書店、便利店或報攤。

也有些書是出版社主動邀約作者創作，之後的流程大致相同。

印刷術——令書籍普及的工藝

看到書店和圖書館成千上萬的書，大概不會想像到古時的書是極之稀有和珍貴的東西吧。

手抄本時代

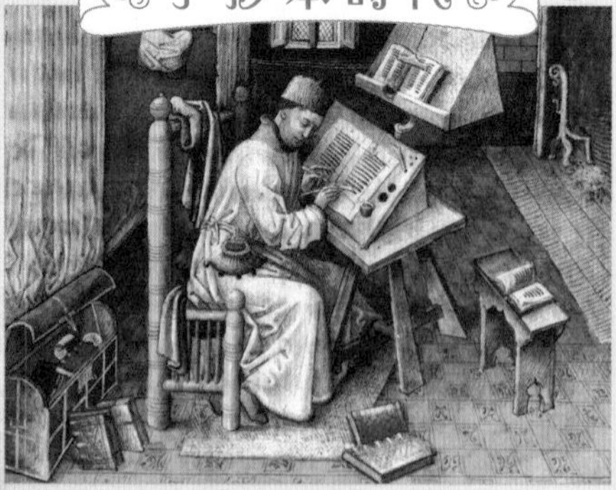

▲抄寫員在為書籍添加裝飾圖案。

在印刷術發明前，要靠人手抄寫去複製書籍。抄寫一本書往往需時數個月至數年，而且當時識字的人不多，以致抄寫員不足，書的數量很少，價格亦非常昂貴，只有皇室貴族和教會修道院才能擁有。

雕版印刷

中國古時以甲骨和簡策記事，至漢代出現紙張，因價廉又適合書寫，開始逐漸普及。書寫材料變得輕便，人們對書的需求量日漸增加，於是大量複製的技術應運而生。

到唐代已出現雕版印刷術，當時人們利用雕刻印章、石碑等技術，在木板雕刻出要印刷的文字和圖畫，然後在木板上塗墨，印於紙上就完成了。

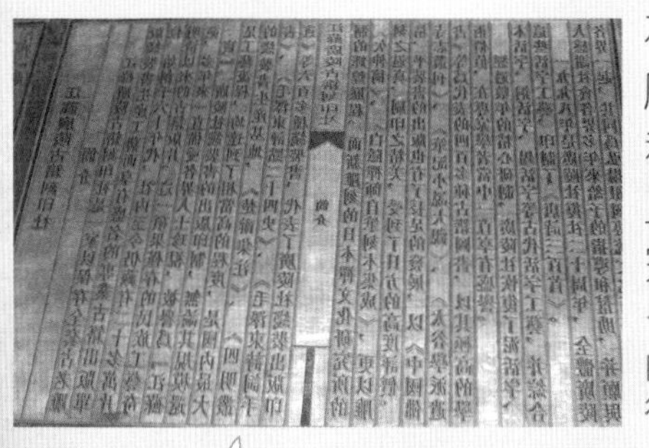

◀雕版印刷是將整頁的內容雕刻在木頭上，再行印刷。

中國活字印刷

及至宋代，畢昇在黏土刻出單字，再用火燒硬，製成字粒，然後依文章內容排在鐵版印刷，用過的字粒可拆下重用，這就是中國最早記載的活字印刷術。除黏土外，古人還曾用木和金屬製造活字。

鉛活字

古騰堡印刷

▲古騰堡首批印刷的書籍《四十二行聖經》，存放於紐約公共圖書館。

要説現代印刷術，就不得不提及德國出生的約翰尼斯．古騰堡（Johannes Gutenberg， 約 1398-1468）。他是首個使用金屬活字印刷並成功印製發行書本的歐洲人。大約在 1450 年，他用鋅、鉛和銻合金製造出金屬活字，結合木製的旋壓機，將字印在紙上。

雖然中國的活字印刷術比古騰堡的早五百年出現，但由於中文字形繁複，而且常用字達數千個，製造字粒和排版較費時，所以中國的印刷仍以雕版為主，活字技術並未流行。直至清代，西方的活字印刷術才被傳教士重新傳入中國，後來更成為主要的印刷方法。

活字印刷圖解

1. 將字粒排在金屬框架中。
2. 將金屬框放上印刷機。
3. 字粒沾上油墨，然後放上紙。
4. 壓下木板令字印在紙上。

由於活字印刷和雕版印刷都是在凸出的圖文上塗墨，再壓於紙上，所以也稱為「凸版印刷」。香港曾有大量鉛活字印刷廠，但隨電腦排版及平版印刷興起而相繼結業。

古騰堡製造活字印刷機的靈感來源，就是當時歐洲人用於壓榨葡萄酒和橄欖油的旋壓機。他以其旋壓原理壓下木板，使字粒上的墨緊附於紙上。而且旋壓機令力度平均分佈，使書印得更精美。看看上圖，當時要人手操作啊！

參觀點 印・藝・廊

▲重現中環永利街的「偉志印務」。

位於柴灣青年廣場的印・藝・廊收藏了「偉志印務」曾使用的印刷機、鉛字粒、字櫃等印刷工具，亦有舉辦工作坊，讓人親身感受香港活字印刷的歷史。

今時今日，有打印機已可印刷，但在50、60年前，還依賴傳統的「活字印刷」時，印刷是一門要技術和心機的手藝。

字粒櫃

排版

◀海德堡印刷機，俗稱「風喉六度」。「風喉」指它能產生風力把紙張吸入機器，取代人手入紙。

►「六度」指可以印刷最大六度（38cm x 52cm）的紙張。圖為切紙機。

現代印刷技術

自古騰堡的活字印刷出現後 400 多年間，印刷技術改變不大。直到 19 世紀，人們發展出照相曝光技術，加上 20 世紀時發明了電腦，令印刷出現重大改變。現在的書和印刷品，大多改以「平版印刷」製造。

首先，電腦將圖文傳送到製版機，就能製作出印刷用的鋅（音：新）版。下圖中藍色的圖文部分保留了親油性的感光物料，而沒有圖文部分的感光物料已清洗掉，令水能附於上面。

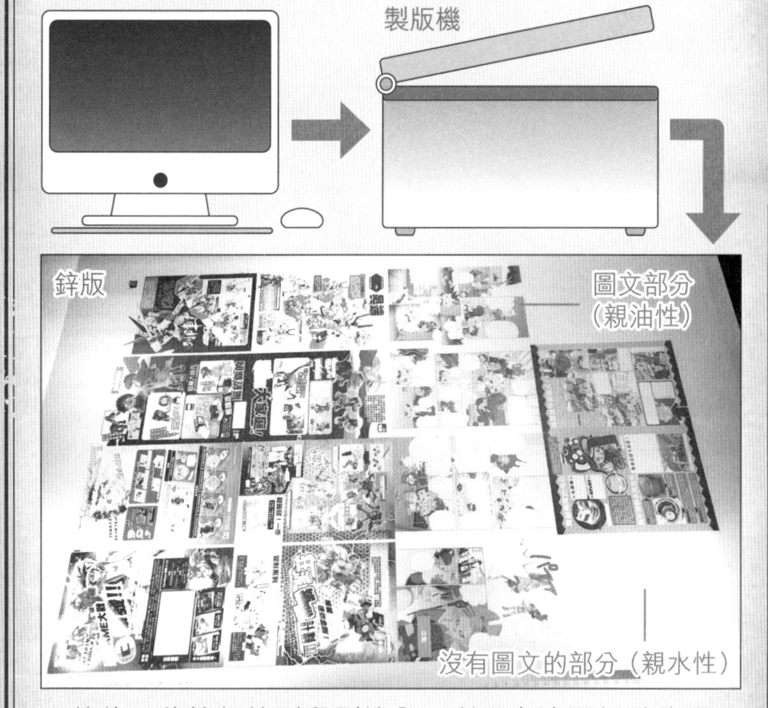

然後，將鋅版放到印刷機內，利用水油不相融的原理將圖文印出來。（參看下頁圖解）

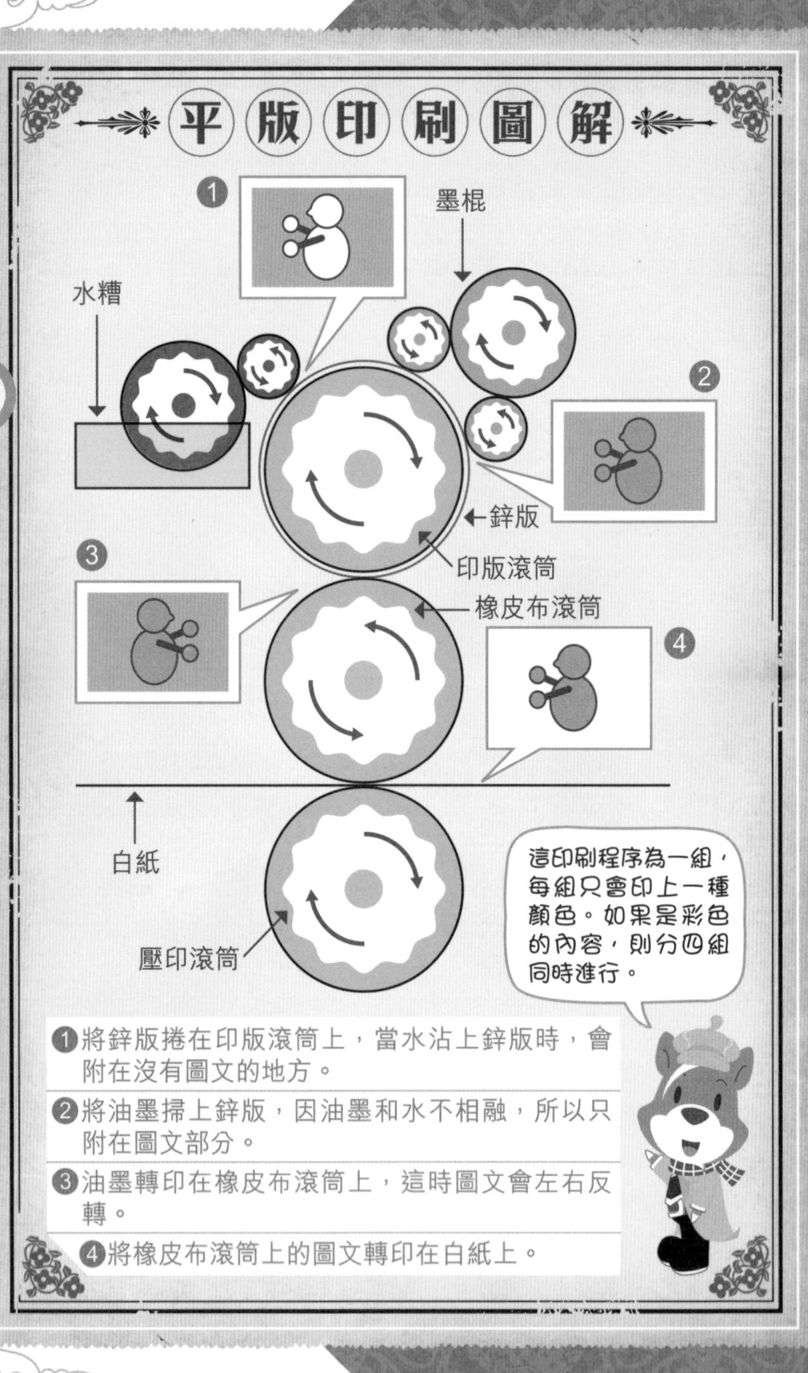
平版印刷圖解
墨棍
水糟
鋅版
印版滾筒
橡皮布滾筒
白紙
壓印滾筒
這印刷程序為一組，每組只會印上一種顏色。如果是彩色的內容，則分四組同時進行。
❶將鋅版捲在印版滾筒上，當水沾上鋅版時，會附在沒有圖文的地方。
❷將油墨掃上鋅版，因油墨和水不相融，所以只附在圖文部分。
❸油墨轉印在橡皮布滾筒上，這時圖文會左右反轉。
❹將橡皮布滾筒上的圖文轉印在白紙上。

由紙變成書

印刷過後，只是一張張印有圖文的紙，要將之裝訂才能製成一本書。

從自行裝訂到書店裝訂

從手抄本年代至活字印刷出現初期，在西方的書店買到的只有一疊印滿內文的紙，讀者要自行決定封面樣式及製造材料，另找專門裝訂的人將紙裝訂成冊。有些人則選擇不裝訂，直接拿着紙閱讀。

直到 18 世紀左右，書店代為裝訂的情況日趨普遍，但不會在封皮加字。至 19 世紀初，由於書店售賣的書愈來愈多，而且有些書分冊出版，書店才開始在書脊加上書名、作者和出版年份。

▲以寶石及浮雕裝飾的書皮。古時製書的材料，從普通的皮革紙板到昂貴的錦緞寶石都有。

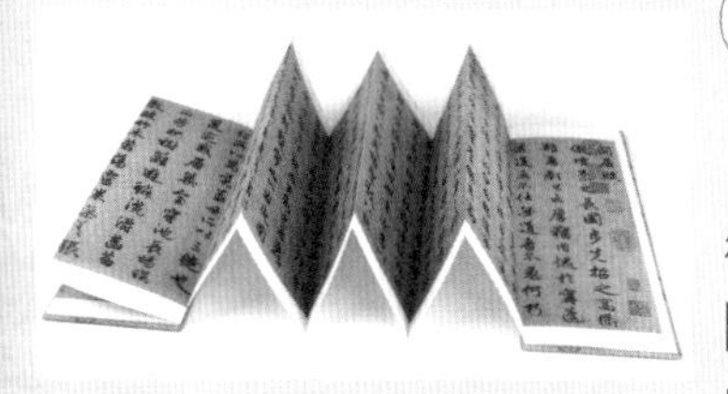

▲將紙一正一反地平均摺疊，於首尾黏上厚紙。其弊處是摺疊處易斷裂成散頁。

中式裝訂

自紙成為主要製書材料後，中國書籍的裝訂方式不斷改變。最初書仍跟從帛書的卷束方式製成卷軸。至唐代後期開始出現其他形式，如摺疊式的經摺裝。

雕版印刷發明後，人們就將內文印在散頁上再行裝訂，於是出現逐頁翻開的冊葉書，它主要有三種：蝴蝶裝、包背裝、線裝。

►將版心向內摺，用硬紙做書面。由於古時只有單面印刷，故每讀一頁要連翻兩頁才能繼續，造成不便。

包背裝

版心

◄其版心往外摺，用厚紙黏貼包覆，就能解決蝴蝶裝的問題。

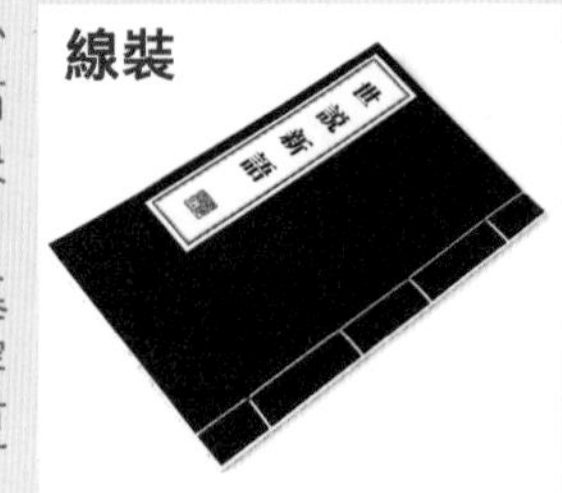

►以包背裝為基礎，但改用線穿起書背，那就更牢固了。

現代裝訂方法

現代的裝訂方法大約可分三種，包括線裝、無線膠裝和騎馬釘。

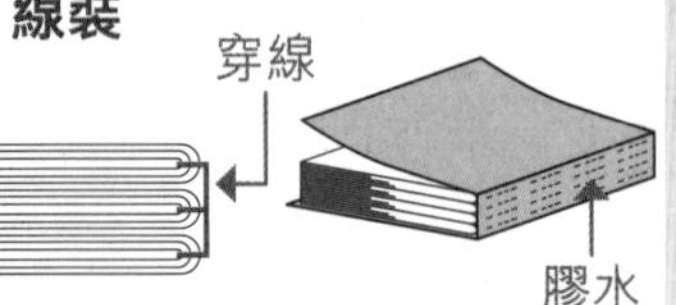

►用線將書葉分疊用線串起，再用膠水黏在書皮上。

無線膠裝

裁去訂口

膠水

▲裁去訂口，塗上膠水將書頁黏起，貼在書皮上。

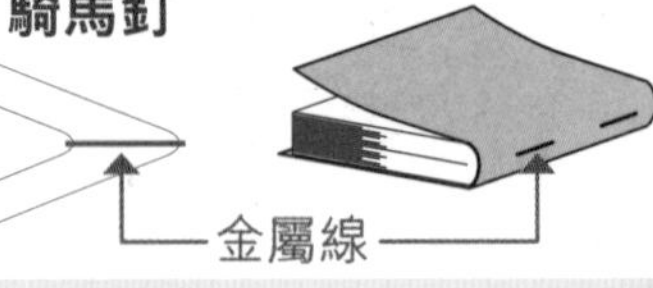

▲連封面一起用金屬線釘起，為最常見的方法，常用於裝訂雜誌。

書的敵人

要製作一本書殊不容易，當書誕生後，就要面對各種會損害它的「敵人」，不論那是來自大自然或是人類。

大自然的破壞力

火 紙張是可燃物，當火燒着一本書時，很快便波及旁邊的書本，最後釀成毀滅大量書籍的火災。

蟲害 蠹（音：到），又稱衣魚，身呈銀灰色，喜歡吃澱粉質和含糖分的東西。牠們常於書脊出沒，咬食當中含澱粉質的漿糊。另外，蠹也吃紙，會在書上蛀出一個個小洞，造成損害。

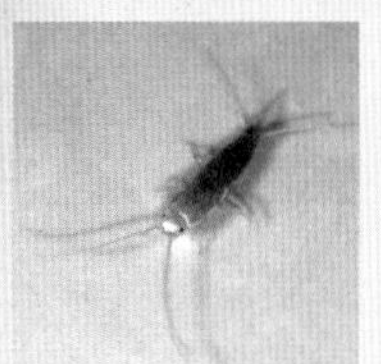

◀此蠹身長約 5mm（不計觸角）。除了書，牠們也吃衣物纖維、皮革製品等。

水 水看似無害，但其實可對書籍造成慢性損傷。例如當雨水不斷滴到書上，日子久了，就使紙張腐爛，書籍受損。另外，濕氣也會令書本滋生霉菌，形成一塊塊啡黃的斑塊，損害書中纖維。不過，過於乾燥則反令紙張變脆，容易碎裂。

▲保存不善，書本就可能會發霉變色。

人類的禍害

刻意的摧毀

人們為方便統治，或宗教歧見等原因，便銷毀他們認為有害或不必要的書，如秦始皇、德國納粹黨的焚書行動，就燒毀了大量書籍。另外，戰亂也令書本散佚和受到破壞。

▲數千本書遭到德國納粹黨焚毀。

無知的殘害

人們不懂愛惜書籍，也令書遭殃。例如讀者閱讀後置之不理，任其蒙上塵埃、發霉、受蟲蛀等。相反，有些人視書為碰不得的珍寶，買了卻從沒看過，直接把它鎖在箱內，反而把書糟蹋了。

書本保衛戰

書自誕生就要面對各種危險。那麼，在書籍彌足珍貴的古代，人們又如何保護藏書呢？

扣夾鎖書

當紙未盛行於歐洲時，主要用羊皮紙。羊皮紙易因潮濕而起皺，令書口脹起，這樣既不美觀，也易損害書本，於是人們用木板造封面和封底，在書口方向釘上可互相扣起的扣夾，夾緊書葉。後來紙張大行其道，它比羊皮紙較難受潮，故此多用硬紙板製作書面，但仍裝有扣夾。這樣即使歷經數百年，書中紙張仍平坦如故，不會發皺捲起。

▲印於 1885 年的聖經，書口有兩個金屬扣夾，使封面和封底夾緊內頁。

書連鎖鏈

在西方以人手抄書的年代，書本數量不多，而且裝訂時有些封面還會鍍金或鑲寶石，易引賊匪盜竊。為保護藏書，就在封面釘環，繫上金屬鏈子，連到書架的橫桿，使人難以偷書。當然這樣會造成不便，看書時需留在書櫃前，或找負責人開鎖，取下橫桿和鎖鏈才能帶走書本。

►英國溫伯恩明斯特的鏈鎖圖書館，始於 1686 年。由於環在書口邊，鏈子連到書架橫桿，形成書脊朝內、書口朝外的奇特景象。

這是意大利佛羅倫斯老楞佐圖書館（始於1571年）內的讀書檯，也有鎖鏈繫着書，別想偷書啊！

檯前置了長椅，可坐着看書，不用站得那麼辛苦了。

曬書

中國古人對保護書籍亦不遺餘力。

曬書又稱曝書，此舉能去除濕氣和霉菌，還可防蟲。古人選擇天高氣爽的日子，使用長身木板，以高凳擱起，

然後把書攤開，置於其上，在太陽下兩面翻曬，曬足一天。之後將書放到風口位，待其涼透，才放回書櫃。

紙張入潢

漢魏時期的人們用藥材黃蘗（音：拍）（或稱「黃柏」）煮汁染紙，稱為「入潢」。染過的紙呈黃色，蠹蟲不敢咬食。

到宋代有三椒染紙之法。三椒即胡椒、花椒和辣椒，只用其中一種即可，染出的紙叫「椒紙」，能防蟲蛀。至明清時期，廣東佛山地區的人們以鉛、硫磺、硝石等煉製紅丹作為塗料製紙，其紙呈橘紅色，也可防蟲，多用作書的襯紙。

►黃蘗是採自黃蘗樹的樹皮加工而成。

書香驅蟲

你知道成語「書香門第」的「香」是甚麼意思？答不到就要請我吃東西啊～

這難不到我的。這成語是指世代為讀書人的家庭，而古時書內多夾有香草，如艾葉、香蒿等用作辟蟲，其中以芸香最有效。當翻閱書本時會散發香氣，書香由此而來。

▲芸香的花呈金黃色，而其葉曬乾後用於驅蟲，也可入藥。

包裹書本

古人認為只將書放入書櫃，仍未安全。為免書沾塵和蟲蛀，他們就用包袱、函套、夾板或書匣，把書包裹起來才放入書櫥。

◀函套以厚紙板為芯，外覆一層布。圍着書四面而不封上下的叫「四合套」（如右圖），若是六面全封的稱「六合套」。

藏書票與藏書章

要防遺失書本，也可在書中貼藏書票或用藏書章蓋印，以標明擁有者。

據說藏書票源於15世紀的德國，先雕出版畫，印在紙片上，再貼於內封或版頭。票的尺寸多不大於10cm，當中有藏書者的名字及其代表圖案，部分藏書票另有拉丁文「EX-LIBRIS」，其意即「此書屬於…」。

◀美國總統喬治·華盛頓的藏書票。兩條粗橫線和三顆星是他的家徽圖案，下有拉丁文箴言：「EXITUS ACTA PROBAT」，意即「為達目的，不惜一切」。

而中國人則用藏書章直接印於書中。印章內容龐雜，除刻有藏書者的姓名資料外，有些會刻上寄語，如囑託後人不得變賣書本。

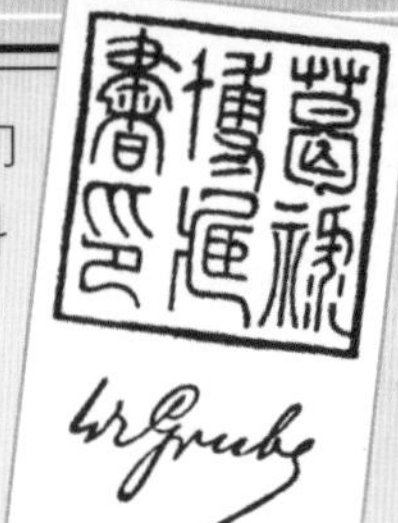

►德國漢學家葛祿博（Wilhelm Grube，1855-1908）的藏書印，下方刻有其簽名。

現代護書小錦囊

現代書籍普及，我們已不及前人那麼重視書，但也應該珍惜，右面是些保護書的小方法，大家可參考一下啊。

1. 當書蒙了塵埃，可用軟掃撣走，或用乾絨布抹書。別用濕布抹拭，因會令紙沾濕而起皺和助長發霉。
2. 別把書排得太緊，以致難以取出，或硬取時使書受損。
3. 若書葉脱落，別用膠紙黏貼，因會損害紙張。
4. 若是珍貴書籍（尤其是古書）受損，可先把書本包好，再另找專家修補。

謎題 ③

以下有些詞語與書籍有關，你能把它們全部圈出來嗎？

甲骨	書衣	活字印刷	金字塔	訂口	密碼	縑帛
頁碼	蘋果	棋盤	老鼠	線裝	雕刻	藏書票
平版印刷	羊皮紙	夾書帶	拖鞋	莎草紙	古騰堡	書匣
蠟燭	立體打印	泥版	版畫	衣魚	井蓋	雕版印刷
經摺裝	椒紙	手抄本	手杖	竹簡	杯口	書腰

謎題 ④

把上面圈起的詞語用線連接起來，會出現哪 2 個英文字母？

書籍

謎題 5
你能從根據下面圖片，猜一個中文字嗎？
謎題 4 的答案難道是福爾摩斯先生名字的縮寫？
所以謎題 4 和 5 合起來的意思就是福爾摩斯的書了。

PDF
一本
福爾摩斯
的
誕生
大偵探福爾摩斯
SHERLOCK HOLMES
太陽的證詞
咳咳，你們知道《大偵探福爾摩斯》是如何製作的嗎？
他只是趁機宣傳自己吧。
為甚麼不用《小兔子外傳》做例子？

一本福爾摩斯的誕生

①構思

構想書本內容，定下製作方向。

p.64-65

②撰寫

編輯或作家撰寫內容，是製作書本最重要，和最花時間的部分。

p.66-69

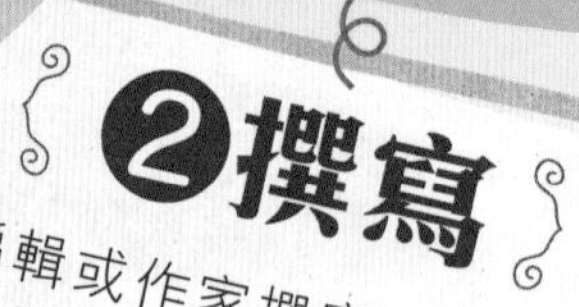

③設計

配合書本的內容作出合適的設計。

p.70-73

一本書的製作過程

一本書由零開始製作，大致可以分為6個部分。

④排版

將內容一頁一頁地編排好，製作書本的雛形。

p.74-77

⑤印刷

交給印刷廠進行大量印刷。

p.78-83

送到讀者手上！

⑥發行

把印好的書本推出市面。

p.84-85

原來有這麼多工序？

為了讓大家易於明白，所以這次以《大偵探福爾摩斯》為例，講解一本書的製作經過。因應書本性質的不同，製作過程會略有分別，但整體流程大致相同。

1 構思 尋找靈感來源

想寫一本書，不能等着靈感自己來的，而要自己去尋找靈感。厲河先生為了撰寫《大偵探福爾摩斯》平日會看很多不同資料。不單書本、電影，就算是新聞也可以是靈感來源。

逃獄大追捕

靈感來源：
北海道網走監獄與逃獄王白鳥由榮的事跡。白鳥利用味噌鏽化逃獄，與馬奇以鹽逃獄異曲同工。

暴風謀殺案

靈感來源：
源自英國氣象學家菲茨羅伊（Robert FitzRoy）因其天氣預報不準而飽受漁船船主評擊，最終自殺身亡的事跡。

吸血鬼之謎 II

靈感來源：
日本小説及電影《楢山節考》，敘述古代日本的棄老傳説。生於窮苦的鄉下老人若年到 70 歲，就要被帶到深山等死，避免白耗糧食。

收集資料

《大偵探福爾摩斯》的故事牽涉很多科學原理，即使找到靈感，也得再三求證這些科學原理，並考慮如何簡明地解釋。

▼除了網上資料外，厲河老師也常常閱讀科普書籍。

構思故事

完成資料搜集，有了基本的推理橋段後，就要考慮如何將之變成一個故事。關於這點，詳細可以參看《大偵探福爾摩斯寫作教室》。

2 撰寫

當收集好資料後，就正式
開始寫作。為了寫好故事，
厲河老師可是一絲不苟。

編寫大綱

在正式開始寫作前，厲河老師會先以數百字編寫故事大綱，令自己更易掌握故事的重心與發展。

▼下面是《吸血鬼之謎 II》的大綱。事實上，厲河老師在這裏活用了電影編劇所用的分場技巧，每個段落大約是一幕場景。

福仔、華生、李大猩、狐格森和愛麗絲五人應弗格臣的邀約，到其家度假，路經密林時，發現一個老人暈倒在山坡下，發現其頭部有撞傷痕跡。華生把老人救醒，但老人不懂回應華生的問題，估計是撞到頭部，暫時失憶和失去言語能力。

愛麗絲給予水壺，老人用右手接過水壺喝水，又用右手接過餅乾吃。福仔從老人的鞋帶綁法中，看出老人的鞋帶並非老人自己所綁（因方向不對），推論出老人是有人照顧代綁鞋帶。由此推斷，老人可能是患了老人痴呆症，故不懂回答眾人問題。

四人把老人救往弗格臣家後，弗格臣記起兩天前曾看見老人和一中年人一同行往山上。於是，福仔叫猩和狐到當地派出所查問，看看有否人報案有老人失蹤。

查後，發覺並沒有人報案。福仔分析，除非陪同老人行山的中年人也遇險，否則就可能是有人故意遺棄痴呆老人，因為照顧一個痴呆老人非常麻煩。

從老人身上，發現一條小圓木，和一塊木塞形狀的小木塊。此外，老人似乎對木頭很感興趣，不斷撫摸木牆和木傢具，但當他看到小屋的東南西北四條主木柱時，卻突然激動起來，不知道想說甚麼。

福仔從老人對木的反應看來，推論他可能是木工。於是，他循此線索調查，從小圓木查出那是一種特殊椅子的部件，而這種椅子全英國只有幾家生產商。

經調查後，在距離一百哩外的小鎮找到了一家傢具廠，並找到弗格臣曾見過的中年人。可是，中年人名迪夫，他矢口否認曾經上山和與老人的關係。福仔查過左鄰右里，確是沒人認得出老人是誰，老人也對中年人毫無反應，似乎真的並不相識。

可是，老人突然抓住福仔，問他是不是迪夫。福仔等人震驚，指着迪夫向老人問：「他是否就是你的兒子？」老人拚命搖頭，拉着福仔，說福仔才是迪夫，拉着他要走。

後來，福仔看見迪夫正在製作的傢具中有一桌子，而桌面的木板有一小洞，猛然記起老人那個木塞，可能是從桌面木板的死節（死結）掉下。他拿死節塞到小洞中，大小果然符合。終於證實老人是迪夫的父親。

原來，老人一向與妻子居住，與迪夫關係疏離，妻死後不久，老人日漸痴呆，並搬去與女兒居住，女兒不願照顧老人，於是在幾天前把老人丟到哥哥迪夫家。迪夫也不願照顧，就惟有把老人帶到山上遺棄。

※因落筆時會修改，所以大綱跟實際故事可能略有不同。

撰寫時要注意的事

雖然之前教過大家寫作的技巧，但實際出版時要考慮的，可不只是故事喔。

控制時間

《大偵探福爾摩斯》每兩至三個月就出版一集，所以時間控制相當重要。雖然因為事前準備充足，所以很少出現沒靈感的情況，但有時候厲河老師連星期六、日也會繼續寫作呢。

暴風謀殺案
1月出版

湖畔恩仇錄
3月出版

華生外傳
5月出版

連環殺人魔
7月出版

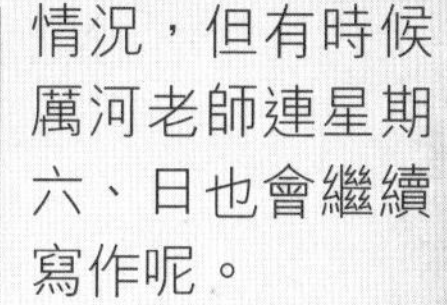

控制字數

書本有頁數限制，所以寫故事時也要一直控制字數，不能太多，也不能太少。部分在《兒童的科學》或《兒童的學習》連載過的故事，在出版單行本時，也會加插劇情，確保內容足夠。

▲每集厚度不會相差太多，並排一起更方便、整齊。

製作時序表

部分故事並非依時間直述，若時間混亂不但影響讀者推理，故事也不會好看。為此厲河老師有時會在撰寫前製作故事時序表，好讓自己清晰地掌握故事中的時間。

【第 35 集】速度的魔咒

時序表

溫絲死亡時間表

深夜 12:00	在門口碰見鄰居
深夜 1:00	鄰居熊先生見其屋內有燈光
深夜 2:00-3:00 之間	死亡時間
早上 8:30	發現屍體時間

※ 燈油可燃點時間約 4 個小時

案發時序表

4 月 15 日	林頓與溫絲秘密結婚
5 月 1 日	林頓猝死於運動場
8 月 31 日	溫絲上吊亡

◀在《速度的魔咒》中，溫絲的死亡時間是福爾摩斯發現事件是他殺的關鍵；溫絲的懷孕周期也對整件案件起了很重要的作用。

【第 37 集】太陽的證詞

案發時序表

4 月 4 日	艾文（Arvin）帶着愛犬寶兒（Beau）已抵達距離巨石陣 10 哩外的旅館，準備觀測日食。
4 月 4 日	當晚，艾文於大學的研究室被爆竊，失去一些財物。
4 月 5 日	於黃昏？時？分？秒　日環食發生
4 月 6 日	遊客發現艾文屍體，寶兒失蹤。

4 月 6 日　早上，學生特朗德（Trond）來找教授，教授的助手黛絲小姐才發現研究室的窗門被打爛，曾遭爆竊。

4 月 12 日　黛絲找福仔查案。

▲《太陽的證詞》是與日環食相關的案件，兇手特朗德又善於狡辯，所以必須弄清日子和時間，才能好好説明故事呢。

編寫專欄

吃過正餐之後，也想吃甜品吧？所以每集《大偵探福爾摩斯》最後都有 4 格漫畫、科學實驗，甚至魔術等輕鬆專欄，讓讀者開心一下。而這些專欄都是由厲河老師親自編寫。

部分科學解説，厲河老師會親自繪畫説明圖，讓設計師參考照着畫，以確保資料清晰無誤。

速度的魔咒

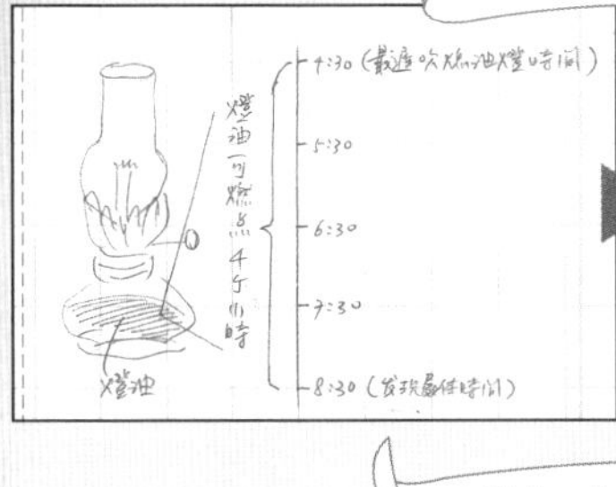

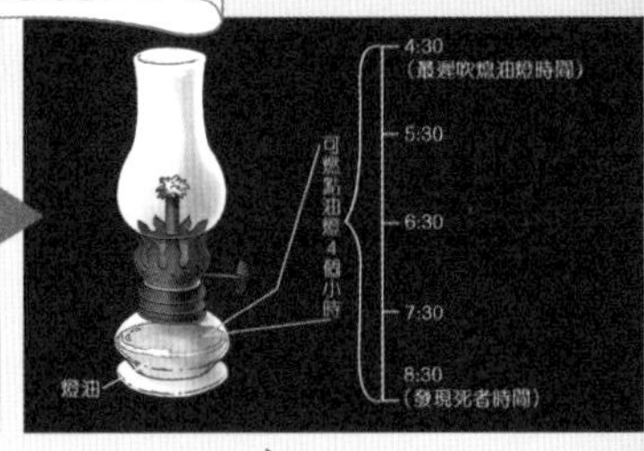

吸血鬼之謎 II

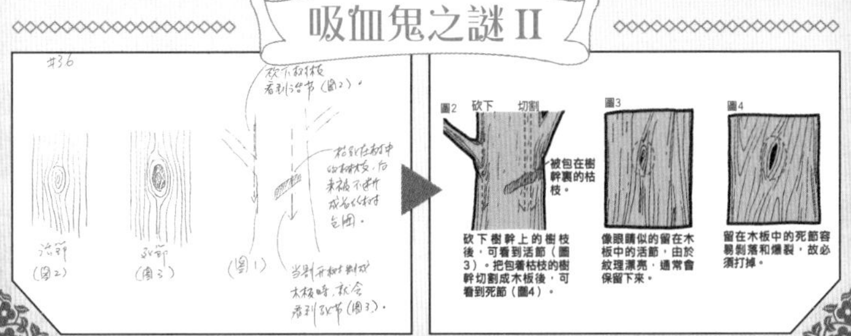

3 設計

撰寫完成後，就輪到設計師和插畫師工作了。

造景

有留意的話，你會發覺現在《大偵探福爾摩斯》由鄭江輝及李少棠兩名插畫師繪畫。其中李少棠老師負責造景，以下就公開他的作品吧。

▲厲河老師把自己在英國旅遊時拍攝的照片交給鄭老師及李老師參考。

►鄭老師繪畫基本草圖，預計會在哪裏畫上人物。

▲與此同時李老師參考照片，以透視技巧用鉛筆畫出背景大概輪廓。

▲上線後，可見植物和磚牆都變得精細了。

▲與照片不同，畫稿選擇使用較鮮明的顏色。

▲最後鄭老師在畫中加上人物，就完成了！

人物

《大偵探福爾摩斯》每集也有新角色出場，設計這些新角色也是鄭老師的工作。一般來説，厲河老師會依角色性格選擇合適的動物給鄭老師作參考。

藏獒

黑獒斯

以《連環殺人魔》為例，高大威猛的黑獒斯，就是以大型犬藏獒為藍本的。而加雷則參考自瀕臨絕種的高鼻羚羊。

加雷

高鼻羚羊

角色造型除了能反映角色性格外，也有推動劇情的作用。例如黑獒斯和加雷外表一剛一柔，大家都會覺得黑獒斯是壞人，加雷是好人，但事實卻出人意表。

內文插圖

此外，厲河老師亦會告訴鄭老師需要描畫作品中哪些場面，每本平均需要繪畫逾百張插圖。

怎樣判斷哪些場面要畫，哪些不用？

❶與案情相關的場面

要讓讀者投入作品，繪畫場景是必須的，而且圖畫當中更可能藏着不少與案情相關的提示，讓細心的讀者也能與福爾摩斯一起推理。

▲就像《連環殺人魔》這個場景，已經藏着不少提示。

❷能表現角色魅力

角色性格鮮明之餘，也要看起來夠帥才吸引。為了讓讀者能夠好好感受角色的魅力，一定要把他們帥氣或具人性的一面畫出來！

◀例如《野性的報復》的這張插圖，與劇情並沒關係，但卻能感受到福爾摩斯認真思考謎團。

4 排版

插畫師完成後，就到設計師出馬了，他將要排版和設計藝術文字。

排版的意思是將文字和插圖一頁頁地排好。設計師會依照厲河老師給予的基本指示排版，盡可能令圖文相符。

▼基本指示

剖，但那只是實習用的屍體，看着被剖開了的活生生的人體倒

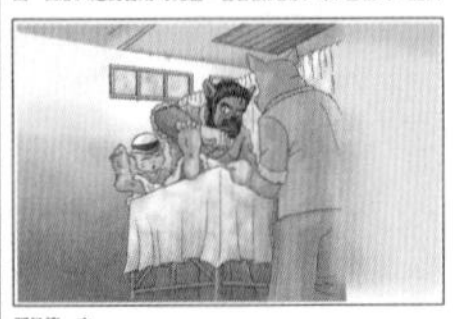

還是第一次。

@@「不要看到別的地方！」赤鬍子喝道，「仔細看着我的縫合方法。」

@@說完，赤鬍子把縫合針從傷口旁的皮膚刺下去。突然，病

人用力地掙扎了一下，傷口內的

腸竟像蛇似的溜了出來。華生大吃一驚，眼前一黑，就失去了知覺。

@@華生只昏迷了一會，被人拍了一下面頰就醒過來了。他睜開眼一看，發現自己仍在3號房內，扶着他的是協助赤鬍子的外科醫生。

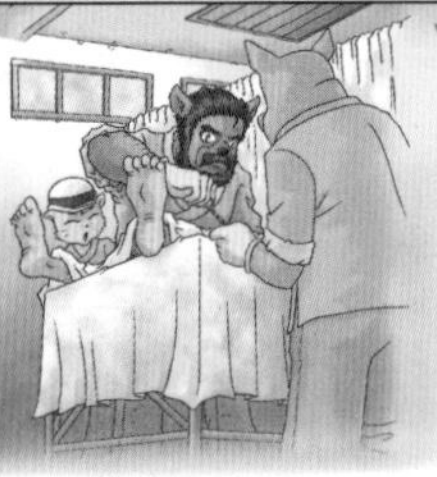

腸竟像蛇似的溜了出來，華生大吃一驚，眼前一黑，就失去了知覺。

華生只昏迷了一會，被人拍了一下面頰就醒過來了。他睜開眼一看，發現自己仍在3號房內，扶着他的是協助赤鬍子的外科醫生。

「你出去吧。」赤鬍子手上仍拿着針線，一臉從容地向他說。

華生感到又羞愧又屈辱——成績優異的自己竟然在手術室中昏倒！這些年來在醫學院的所學，在現實中原來

「不要看到別的地方！」赤鬍子喝道，「仔細看着我的縫合方法。」

說完，赤鬍子把縫合針從傷口旁的皮膚刺下去，突然，病人用力地掙扎了一下，傷口內的

▲完成後的樣子

排版是令大家看得津津有味的重要工作，而其中最重要的就是計算揭頁。例如《連環殺人魔》中的這幕打鬥，讀者要揭頁後才知道打鬥結果，因此更覺緊湊。

藝術文字

《大偵探福爾摩斯》中有很多文字經過特別設計，你又知不知當中有甚麼準則？

p47
疑問② 黑幫高層 警察 名單 疑問③ 特殊含意
兇手是有意識地把它們挑出來的
p49
[illegible] 人名 地名 特殊意義 拼來拼去 兇案現場
p50
赤熊老師 心臟 彈頭 貫穿 兩顆彈頭
p51
兇手每次殺人都用不同的槍 專業的連環殺手 掩飾 逃避追捕。
p52
兩枝槍 故佈疑陣 彈頭 卡比克 伊德
p53
一條斜線 高處 低處 軌道 線索 p55 拱橋 粉筆 痕跡 彈頭
p56
橋下 穿過 乾涸 河床
p57
哈！找到了。 彈頭 顯微鏡 兇手開槍的位置。

死者的姓氏

業的連環殺手！」

「為甚麼這樣說？」

「因為槍支得來不易，一般的連環殺人兇手沒必要**掩飾**『連環殺人』這個行為，所以大都會用同一枝槍行兇。」福爾摩斯分析，「但專業的連環殺手卻不一樣，他們雖然也是『連環殺人』，但為了**逃避追捕**，令警方以為只是一般的黑幫仇殺，所以每次都會使用不同的槍。在破牛一案中，由於用上了**兩枝槍**，曾令我懷疑是兩個殺手一起作案，但現在看來，殺手應該只有一個，他用兩枝槍只是**故佈疑陣**，令我們以為是

成語

大部分四字成語都會製作效果，目的在於加深讀者印象，讓他們在享受閱讀之餘，能夠不知不覺間認識成語。

人仰馬翻

重點字句

突出一些對故事有關的重點字句，如人名、破案線索等，可以令讀者更投入故事當中。

連環殺人事件

擬聲詞

噔、噔、噔、噔、噔、噔、噔、噔……

讀書只有視覺感受，但設計過的擬聲詞能做到無聲仿有聲的效果。

封面設計

《大偵探福爾摩斯》的封面，除了書名外，有數樣東西一定會畫出來，你知道是甚麼嗎？

大偵探
福爾摩斯
SHERLOCK HOLMES
太陽的證詞
厲河=小說 余遠鍠/李少棠=繪畫
柯南·道爾=原著人物
匯識教育有限公司

內容

與案件相關的內容。從封面已經知道事件與日環蝕及犬隻有關。

書名的重要性

要在短短數字內令讀者馬上了解故事大約內容，並覺得引人入勝，每集的書名可要花費不少心思。例如《太陽的證詞》，點明了故事跟天文相關之餘，亦令讀者好奇太陽是如何作供。

人物

作品中的主要人物。在這裏顯示了本故事中的主要角色。

背景

作品中發生事件的重要場景。例如這裏是荒山野外。

此外，因為《大偵探福爾摩斯》有不同的衍生系列，所以會刻意用不同的顏色作背景。讀者購買的時候就更一目瞭然了。

讀者或許察覺不到的考量

出版一本書，當中有無數考量，每個設計都有其用意。例如《華生外傳》附贈匙扣，有讀者會問「為甚麼要挖空書本，放在裏面？揭起來很不方便呀。」，其實這是為了方便運送和陳列，並確保書本不會爛掉的設計。

▲為匙扣加上盒子的話，不但過分包裝，所需的存放空間也會變大。

▲如果讓匙扣放在封面上，書本就不能疊好，運送過程也容易弄壞。

▲匙扣放在書中，方便又美觀。

一本福爾摩斯的誕生

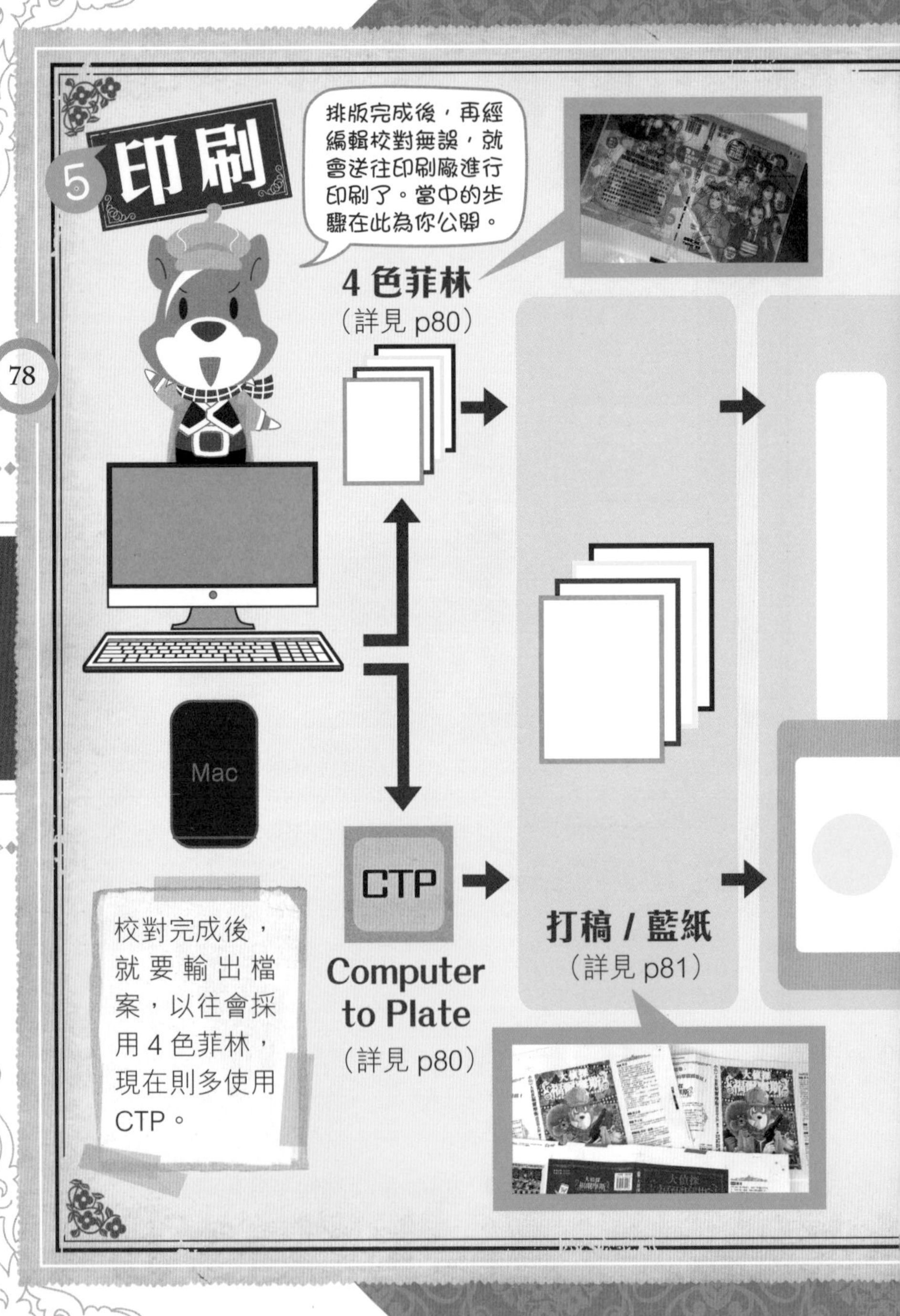
5 印刷
排版完成後，再經編輯校對無誤，就會送往印刷廠進行印刷了。當中的步驟在此為你公開。
4 色菲林
（詳見 p80）
Mac
CTP
Computer to Plate
（詳見 p80）
校對完成後，就要輸出檔案，以往會採用 4 色菲林，現在則多使用 CTP。
打稿 / 藍紙
（詳見 p81）

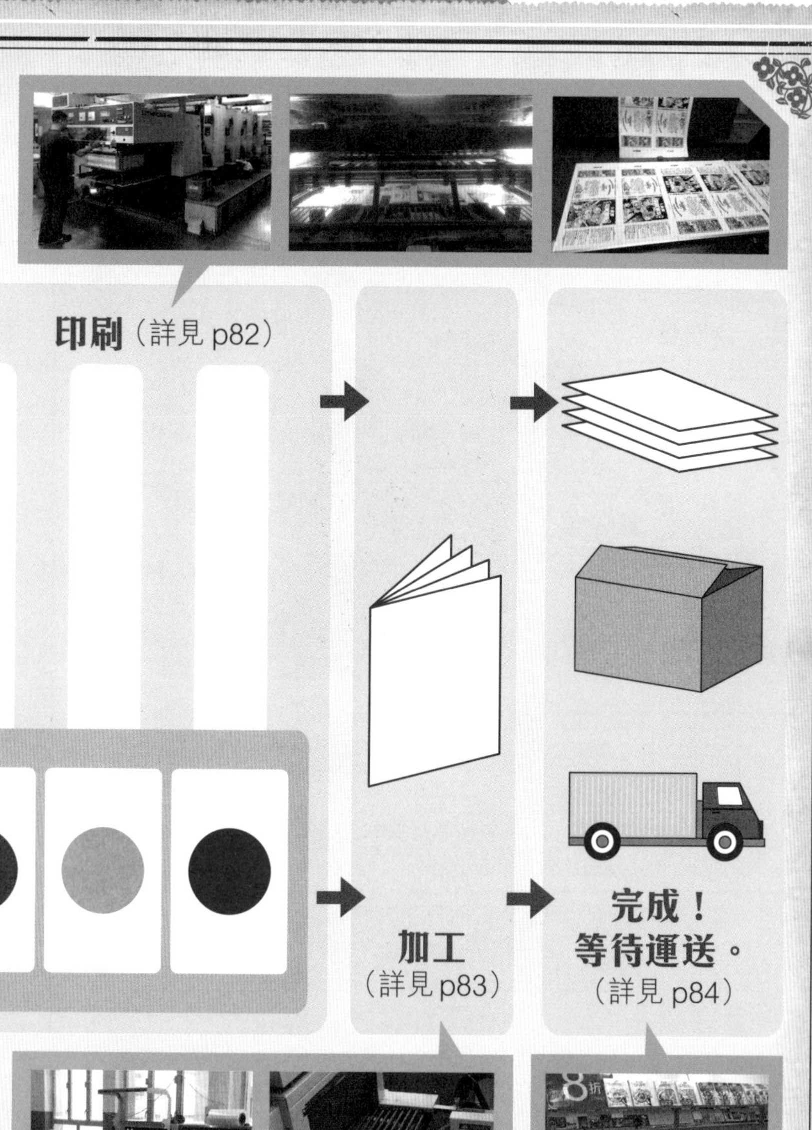
印刷（詳見 p82）
加工
（詳見 p83）
完成！
等待運送。
（詳見 p84）

4 色菲林

傳統印刷會將檔案分為 CMYK 4 款顏色後，沖曬到菲林膠片之上。書中 1 頁就等於 4 張菲林，由於成本效益的問題，現在已經很少人採用。

▲放在其上的黑色膠片就是 4 色菲林。

CMYK 是甚麼？

4 色（CMYK）是指青藍（**C**yan）、洋紅（**M**agenta）、黃（**Y**ellow）、黑（blac**K**），這 4 種顏色幾乎可以調合出所有顏色。

CTP (Computer to Plate)

直譯的話，可以喚作「電腦直接製版」，也就是將排版後的檔案，直接轉換成可以印刷的檔案，省略沖曬菲林的程序。不論價錢、色彩精度都比傳統菲林為佳。

►使用 CTP 的話，一本書只要輸出一個 pdf 就可以了。

打稿

在印刷之前，為了確認色彩無誤而作的樣本。由於一般打印機與印刷機質素有差距，所以若不進行打稿，編輯未必能掌握到實際書本的顏色是否理想。若是封面打稿的話，更會使用類近紙張，模仿實書感覺。

藍紙（Blue Print）

印刷前的樣本，因其藍色而得名，而藍色則是因菲林與特殊紙張進行照曬程序及處理後而產生的。隨着 CTP 的普及，現時的藍紙已經是彩色的了，但名稱卻依然保留沿用。

印刷

印刷程序分 4 組進行，每組只印上 CMYK 其中一種顏色。所以你可以看到印刷機也分為四部分。

4 色印刷機

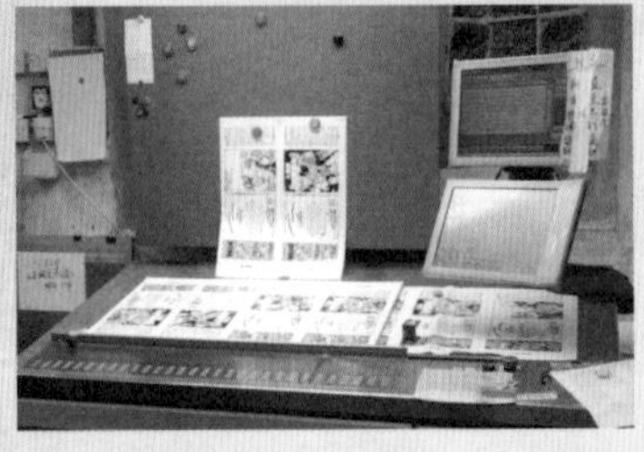

▲因應紙質不同，在控制台對色彩、印刷品質進行調校。

▲開始印刷了！

▲印好的成品，是一張大紙。之後還要經過裁切、裝訂才能成書。

▲看到紙張這麼厚就知道印刷量不少了。

加工

加工指裝訂、切書邊及包裝等後期工序。左邊是把書本以膠袋封裝的過程。

◀收縮包裝機

◀將書本放在輸送帶上，就會自動包上膠袋。

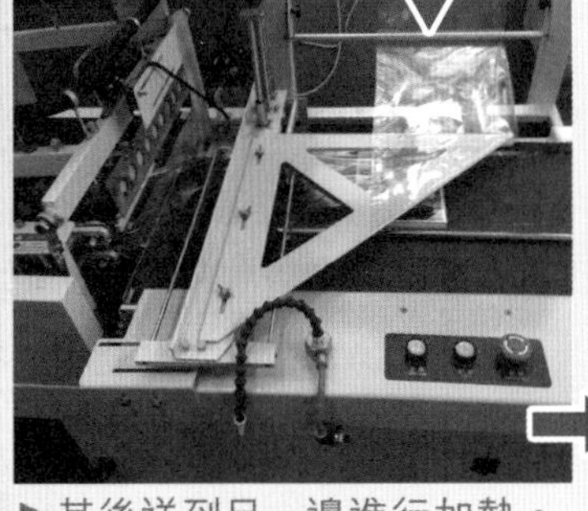

▶其後送到另一邊進行加熱。

▲加熱後，膠袋收緊，包裝就完成了。

6 發行

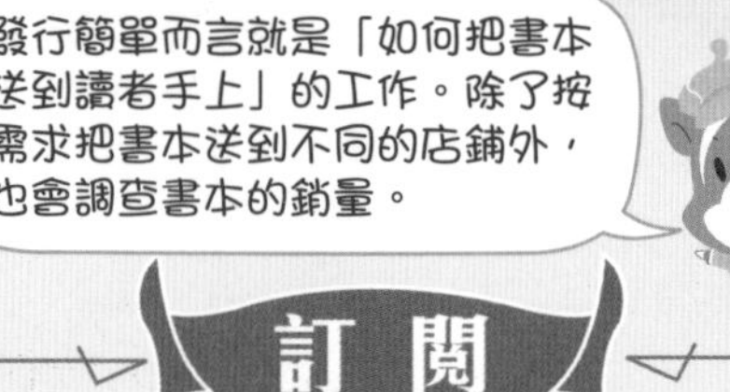

發行簡單而言就是「如何把書本送到讀者手上」的工作。除了按需求把書本送到不同的店鋪外，也會調查書本的銷量。

▲正在等待寄送的書本。

訂閱

書本印好後，就要儘快寄送給訂戶。由於訂閱者數量眾多，逐一包裝往往也耗費不少工夫，但必須堅守一星期內送遞的原則。

讀者可通過傳單或網購訂閱書本。為了配合不同讀者需要，傳單也分成不同種類，全是度身訂造的喔。

店鋪銷售

發行商會視乎地區需要運送合適數量的書本。例如某區的書店、便利店的銷售量較多，下次發貨時就會安排更多的書本到那裏。

同時，發行商也掌握最新的銷售情況。一旦發現缺貨，就會通知出版商，看看是否需要加印、再版。

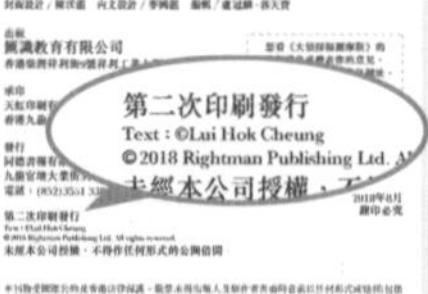
第二次印刷發行
Text：©Lui Hok Cheung
© 2018 Rightman Publishing Ltd. All
未經本公司授權，不

網上選購方便快捷 購滿$100郵費全免
詳情請登網址 www.rightman.net

►看看版權頁，就知道書本有沒有再版過了。

▲與書店溝通，調整書本的陳列方法，也是發行工作的一部分。

推廣

書本寫得好，就自然有人欣賞。但要如何讓更多人知道這本書寫得好呢？那就要靠推廣。像大家時不時看到的地鐵廣告也是推廣的一環。

至於講座、簽名會等，則是與讀者交流的重要橋樑。透過這些活動，作者與讀者變得更親近了。

厲河老師時常到學校舉辦講座，跟讀者分享寫作心得。

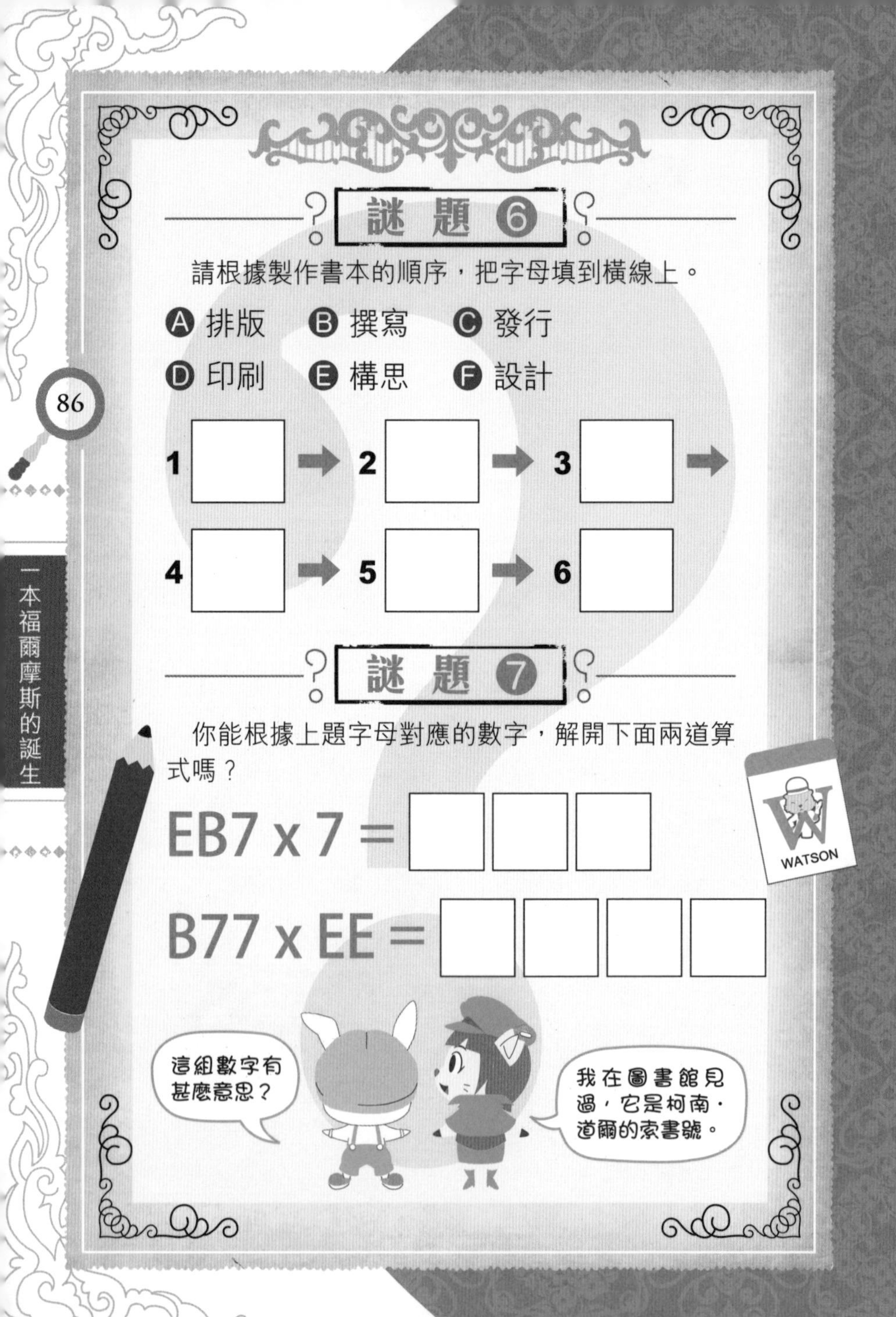

謎題⑥

請根據製作書本的順序，把字母填到橫線上。

Ⓐ 排版　Ⓑ 撰寫　Ⓒ 發行

Ⓓ 印刷　Ⓔ 構思　Ⓕ 設計

1 ☐ → 2 ☐ → 3 ☐ →

4 ☐ → 5 ☐ → 6 ☐

謎題⑦

你能根據上題字母對應的數字，解開下面兩道算式嗎？

EB7 x 7 = ☐☐☐

B77 x EE = ☐☐☐☐

這組數字有甚麼意思？
我在圖書館見過，它是柯南・道爾的索書號。
WATSON

圖書館
這裏有不同版本的
《福爾摩斯》吧。
對啊！

知識的寶庫圖書館

圖書館是甚麼地方？

先看看以下兩段文字。

公共圖書館是各地的資訊中心，使用者可隨時得到各種知識和資訊。 節錄自聯合國教科文組織「公共圖書館宣言」

圖書館是一個收藏書寫、印刷或記錄資料（包括影片光碟、微縮資料、錄音帶、唱片資料及電腦程式），並將之組織整理和維護，以便閱讀、研究和諮詢的地方。 摘自《大英百科全書》（1995 年版本）

現在圖書館當然不只以上東西，還有愈來愈重要的網絡資源，但從中看到它最基本的特質：圖書館是系統地收藏各種資訊，讓這些資料自由開放予人們有效地使用的地方。

►右圖為 17 世紀荷蘭萊頓大學圖書館內部，當時書籍很貴重，須用鎖鏈連着書架以防盜竊，但人們閱覽圖書的情景與現在並無二致。

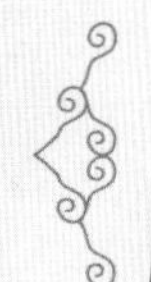

「圖書館」原本不是中文？

古代中國藏書的地方並無特定名字，多稱為石室、觀、閣、院、庫、藏書樓等。「圖書館」來自日本自創詞語「圖書館」，那是明治時期從英語 library 翻譯成的外來詞。

1896 年，於中國的《時務報》首見「圖書館」一詞。到 1904 年，湖南省設立公共圖書館，其建築物始用這詞語。

Library 從何而來？

Library 源於拉丁語 Librarium，其意思是放置圖書的書架、書箱。當中 Liber 即樹木內皮，可曬乾作為書寫材料。

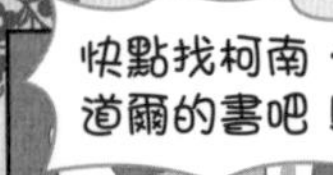

這麼吵會打擾其他人看書，在圖書館內請盡量安靜。

香港公共圖書館館藏

館藏可分為印刷類及非印刷類：

印刷類	書籍、報章、期刊、地圖、樂譜等
非印刷類	視聽資料（如唱片）、 電子資源（如電子書）、 微縮資料（如微縮膠卷）等

另外館藏又可分成可外借與非外借。

截至 2022 年底，香港公共圖書館的館藏已達 1,519 萬，其中 1,345 萬屬於書籍及其他印刷資料。

香港公共圖書館概況

現時康樂及文化事務署轄下共有 70 間固定圖書館及 12 間流動圖書館，另設專門的參考圖書館，如位於香港中央圖書館的地圖圖書館、香港文學資料室等。此外，每區其中一間圖書館都特設文化及歷史資源角，提供該區的歷史文化資料予市民參閱。

◀資源角提供的參考資料合共逾 10000 項，包括書刊、地圖等。

小知識 香港首間公共圖書館

建於 1869 年，設於舊大會堂內（即今日香港上海匯豐銀行總行位置），由市民集資建成。藏書多來自私人捐獻，以英文書為主，使用者多為洋人，華人使用受很多限制。1933 年，舊大會堂部分建築拆卸，圖書館亦終止服務。

►香港舊大會堂

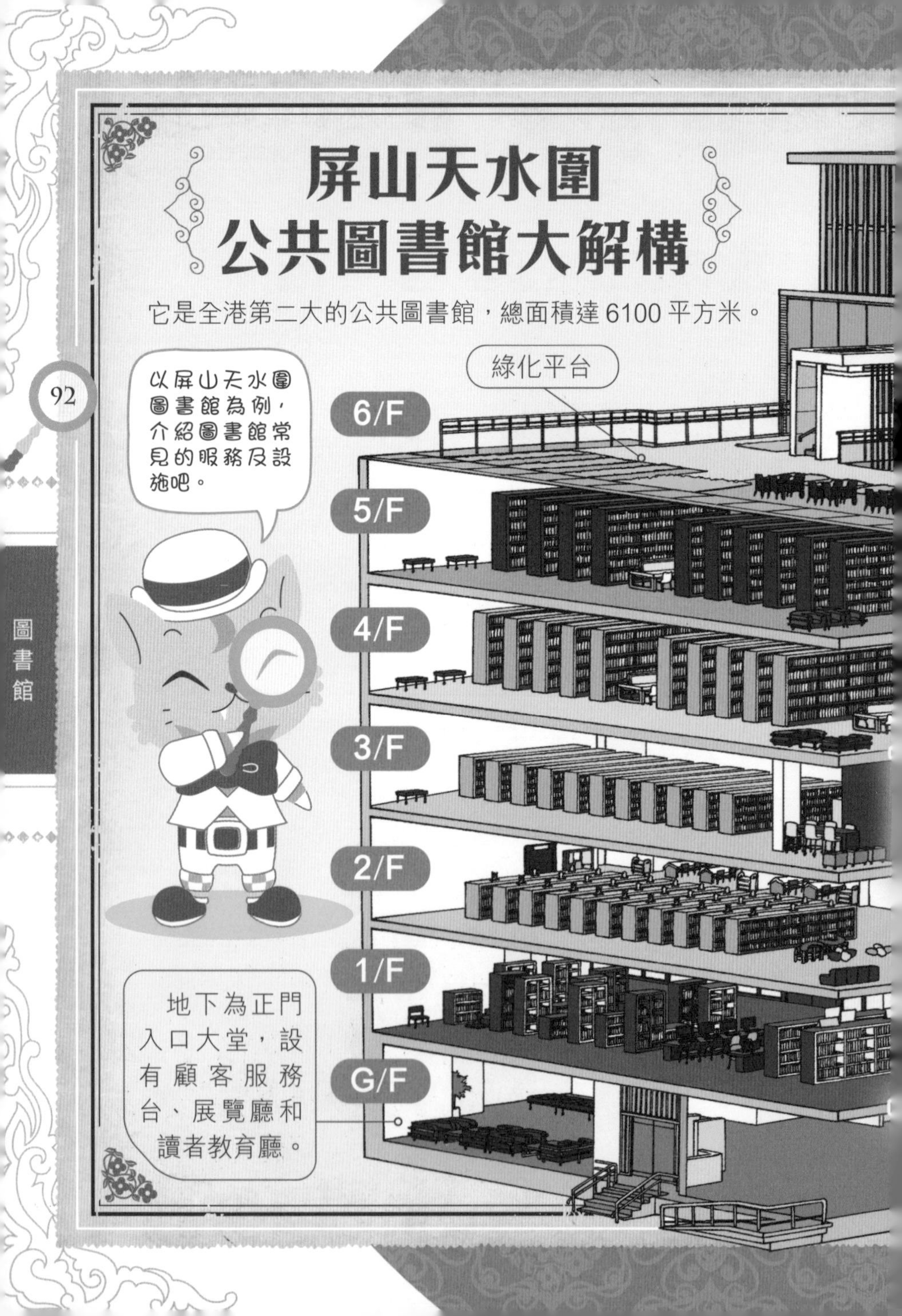
屏山天水圍
公共圖書館大解構
它是全港第二大的公共圖書館，總面積達6100平方米。
以屏山天水圍圖書館為例，介紹圖書館常見的服務及設施吧。
綠化平台
6/F
5/F
4/F
3/F
2/F
1/F
G/F
地下為正門入口大堂，設有顧客服務台、展覽廳和讀者教育廳。
圖書館

整棟建築物以中國傳統的「百寶架」為概念，其外圍高低錯落有致，館內樓梯縱橫交錯。另外，設計師參考元朗屏山傳統建築的元素，採用石磚、木材、生鏽鐵等作為建築材料。

►百寶架

這裏是香港第一個設有戶外閱讀空間的圖書館，當中1樓及3樓設有中庭，6樓有綠化平台。加上四周大量的玻璃幕牆，將自然光引進整幢大樓，令人感覺通透舒適，營造出悠閒的閱讀氣氛。

◄3樓中庭，舉頭即可看到天空。

1/F

1 樓是青少年圖書館和學生自修室。在規劃本館時，鑑於元朗人口分佈中，青少年所佔比率較其他地區高，為顧及他們所需，就特設青少年圖書館。這也可讓區內較大的讀者羣使用圖書館，同時也希望青少年繼續培養其閱讀習慣，不至中斷。除本館外，只有香港中央圖書館設專門的青少年圖書館。

青少年圖書館中設有多個高低不一的書架，這是設計師的構思，名為 City Line，代表城市中的高樓大廈，人們在其中生活。

2/F

2樓是兒童圖書館，當中圖畫故事書、漫畫如《老夫子》和《多啦 A 夢》等皆大受歡迎。

▲鋪有木地板的「幼兒圖書角」，可讓家長與孩子同坐在地上看書。

3–5/F

3 樓至 5 樓是成人圖書館，除了中英文書籍，也有錄音資料等館藏，另有小說天地、報刊閱覽部、推廣活動室、多媒體資料圖書館和電腦資訊中心。

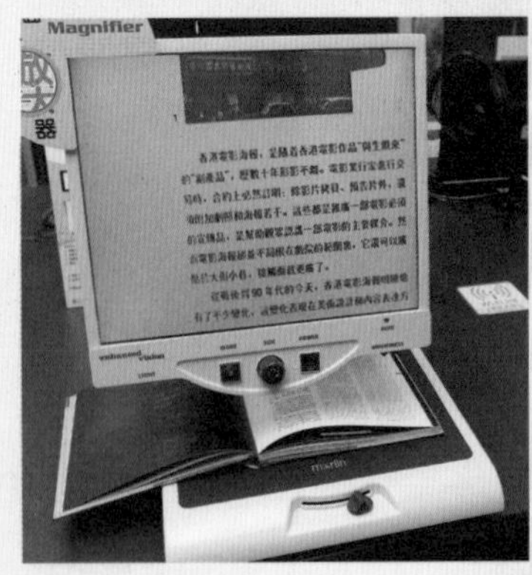

►館內設桌面影像放大器，方便有需要的人士閱讀。

6/F

6 樓是參考圖書館，其館藏不能外借。

這麼多書，怎樣才能找到自己想要的呢？

你可利用公共圖書館網頁的電腦檢索系統尋書啊。

如何找到想要的書？

圖書館目錄查閱

香港公共圖書館
Hong Kong Public Libraries
中文(簡体)

登入讀者帳戶 | 館藏選單 | 標題檢索 | 檢索歷史 | 清除作業歷程

檢索
檢索
進階檢索

▲在圖書館網頁的「探索館藏資源」中找「圖書館目錄」，然後在「檢索」位置輸入書名，或輸入關鍵詞如部分書名字詞、著者名稱、出版社等。

目前的檢索條件 黃金

結果總數：1359項，顯示 1 至 10項
SHARE
排序 相關度

全選本頁

1.
黃金樹攝影集 / [黃金樹攝影].
黃金樹 1929-
出版項 北京 : 人民美術, 1987
索書號 952.8 4484
在館內架上的數目：3
39. 沙田公共圖書館 有 1 項在館內架上
61. 荃灣公共圖書館 有 1 項在館內架上
63. 屯門公共圖書館 有 1 項在館內架上
此館藏項目未有預約 預約
加到館藏選單

2.
黃金師生作品集 = Works of Wong Kum & students / [黃金...等繪].
出版項 香港 : 金畫會, 2006
索書號 947.3391 4822
目前有 1 項目在館內架上
12. 香港中央圖書館(藝術資源中心) 有 1 項在館內架上

▲頁面顯示相關館藏。

▼按入其中一個書名後，就會顯示該本書的詳細資料和館藏資訊，如所在的圖書館、索書號、現況（在架上、待上架、已被借出）等。

館藏項目 附加資訊

圖書館 [ ] 篩選

圖書館	索書號	冊次	媒體碼	館藏現況
12. 香港中央圖書館(藝術資源中心)	953.8 4484			館外備用書
12. 香港中央圖書館	952.8 4484			請向館員索
39. 沙田公共圖書館	950 4484			館內架上
61. 荃灣公共圖書館	950 4484			館內架上

大家事先上網搜索圖書資料，知道該本書在哪間圖書館和是否已被借出，就無需白跑一趟。若那本書不在附近的圖書館，可於網上預約。預約時可選擇取書的圖書館，這樣便不用跨山過海找書了。

你知道嗎？

在書架間搜尋

有時嘗試親身在書架間找書，可能會發現一些你有興趣但忽略了的書本啊！

如果尋書時有疑問，可跟圖書館員商量啊！

圖書館工作人員的主要工作

協助讀者借還及找尋館藏

樓宇管理、設施保養

除了館藏，建築物本身和館內設施都屬管理範圍，遇有損壞，就通知專業人員修理。

人手分配

例如遇上館員請假，圖書館長就需調配人手接替工作，以維持圖書館正常運作。

採購書籍及其他資料

根據統計數據、讀者意見等，檢視市民的需求，以決定選購合適書籍作為館藏。

接收讀者意見、查詢

收到讀者的意見或投訴時，就適時檢討，如遇上他們有疑難，也會盡力解答。

讀者通常查詢甚麼？

基本有數類，包括詢問設施位置、怎樣使用某些設備、如何找到某類型的書籍、關於逾期或預約圖書等事宜。此外，讀者也會給意見或投訴，有時也會遇到像以下般的趣事。

1
不好意思，你有本書逾期未還。
不可能，我已還了書！
2
你還到哪了？
那裏。

3
我直接把書放回書架了，很盡責吧？

要經過還書手續才算正式還書，而為方便讀者，圖書館設還書箱和特快歸還服務，把書放進去就可還書了。

◀若是逾期或損壞的書籍則不可使用。

這本書不是我想要的。
你隨便地將書放上架，會造成混亂，應把不看的書放到圖書車，讓職員處理，按索書號放回書架上正確的位置。
索書號？

圖書分類——索書號

為將書本分門別類，以英文字母或數字組成號碼標示類別，再依序排在書架，該號碼就是索書號。索書號主要有兩部分：分類號碼和著者號碼。

000 → 分類號碼

1234 → 著者號碼

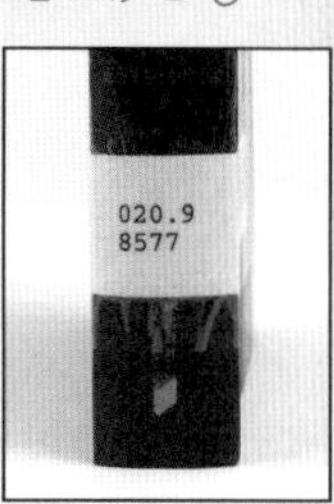

▶索書號通常置於書脊。

分類號碼

分類號碼按分類法編成，香港公共圖書館的非小說英文館藏用杜威十進分類法，所有中文館藏則用中國圖書分類法。

杜威十進分類法

由美國圖書館學者麥爾威·杜威（Melvil Dewey）於 1876 年創製，將知識分成 10 大類，每類再分成 10 個類別，合共 100 個小類。

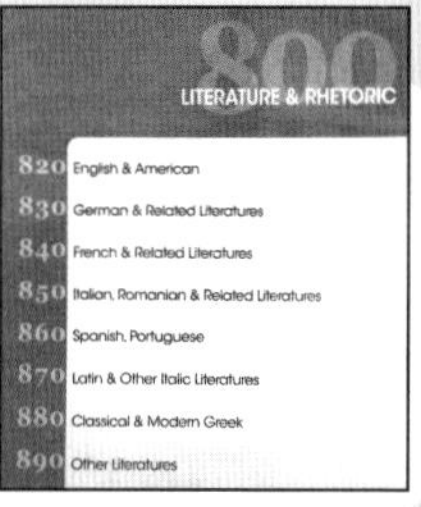

800
LITERATURE & RHETORIC
820 English & American
830 German & Related Literatures
840 French & Related Literatures
850 Italian, Romanian & Related Literatures
860 Spanish, Portuguese
870 Latin & Other Italic Literatures
880 Classical & Modern Greek
890 Other Literatures

900
美術 遊藝
910 音樂
920 建築
930 雕刻
940 書畫
950 攝影
990 遊藝

中國圖書分類法

由前南京金陵大學圖書館館長劉國鈞參考「杜威十進分類法」於 1929 年編製，後經數次修訂而成。

英文小說的分類號碼用「F」字。另外，英文館藏兒童書的索書號起首都有「J」或「Y」字。

詳情可參考香港公共圖書館「館藏分類」網址：https://www.hkpl.gov.hk/tc/collections/catalogues/library-collection-classification.html

著者號碼

英文館藏用作者姓氏的首 3 個字母，中文館藏則以作者姓名的四角號碼表示。

其麼是四角號碼？

它由王雲五於 1925 年創製，把中文字筆劃分成 10 類，以 0 至 9 十個數字表示，並以字四角的筆劃從左上角、右上角、左下角、右下角按號碼依序排列。

號碼	0	1	2	3	4	5	6	7	8	9
名稱	頭	橫	垂	點	叉	插	方	角	八	小
筆形	亠	一 ㇀ 乚 ㇏	丨 丿 亅	丶 ㇏	十 㐅	扌	口 丶 口	㇆ 「 」 ⺁ ㇇	八 丷 人 𠂉	小 ⺌ 龸 个 忄

例如福爾摩斯的「福」字，其四角號碼是 3126。

例如英文小說《Harry Potter》的索書號是 JF ROW。

JF → 兒童小說
ROW → Rowling
（作者姓氏）

如中文小說《Q版特工》的索書號是 857 3320。857 是中文小說的分類碼，3320 則是作者「梁科慶」的四角號碼。

3 3 2 0
梁科慶

關於香港公共圖書館的一些數據

2018 至 2020 年公共圖書館借閱次數

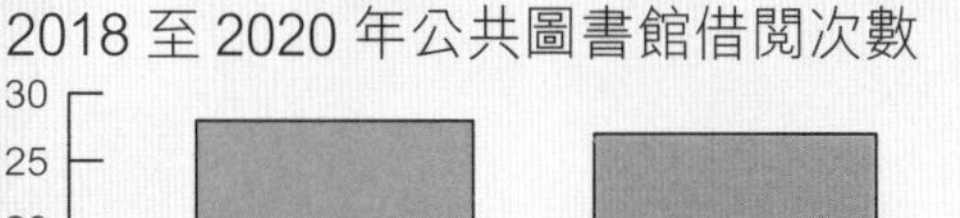

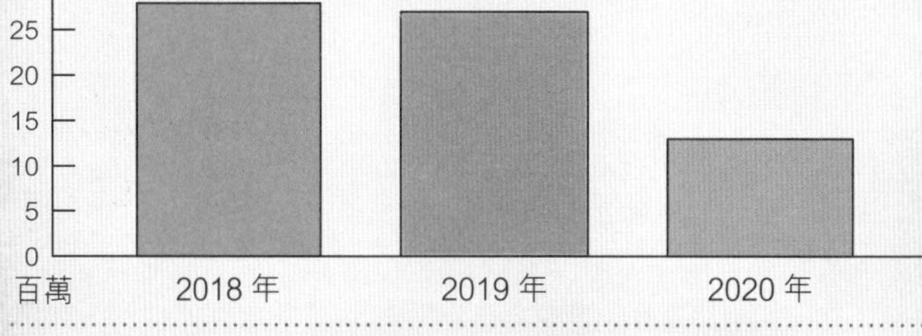

2018 至 2020 年公共圖書館到訪人次

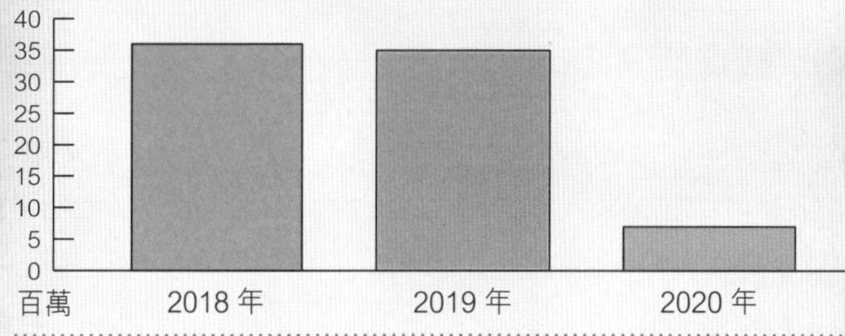

2018 至 2020 年電子書館藏使用量

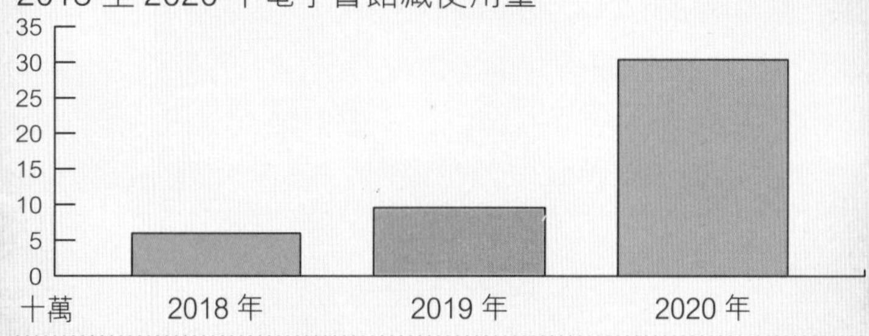

資料來源：立法會財務委員會審核二零二一至二零二二年度開支預算管制人員的答覆

借書次數和到圖書館的人數在下降！
因疫情影響，圖書館有一段時間沒有開放，這兩年到訪公共圖書館及借閱人數大跌，可是電子書的使用量有顯著升幅啊。
而且圖書館還會做各種工作推廣閱讀文化啊！

圖書館的其他任務

為推廣閱讀文化和促進文化交流，香港公共圖書館常舉辦各種活動，例如：

家庭讀書會、青少年讀書會

定期在圖書館舉行聚會，讓小孩子分享讀書心得，參與互動的活動，以培養閱讀興趣。

詳情參考香港公共圖書館網頁：
首頁→參與推廣活動→閱讀活動→香港公共圖書館讀書會

閱讀繽紛月

每年在暑假時所舉辦的大型兒童閱讀活動，特設專題展覽，另有文藝表演、親子工作坊等各種活動。

詳情參考香港公共圖書館網頁：
首頁→參與推廣活動→閱讀繽紛月

電影與小說世界的圖書館

圖書館曾於不少電影與小說中出現過，它們可能只是普通場景，也可能在故事中起着關鍵作用，究竟製片人與作家心中的圖書館是怎樣的？

蘊藏古老寶藏的殿堂

驚天奪寶

書本是人類傳承知識的寶藏，而圖書館就是蘊藏寶藏的地方。

電影《驚天奪寶》裏，主角蓋茲與同伴於美國國會圖書館查找國家檔案館的資料，以便偷取〈獨立宣言〉，影片呈現了圖書館華麗莊嚴的內部。

美國國會圖書館主閱覽室

除了氣派十足的建築，它也是世上館藏量最大的圖書館，連書籍在內有超過 3500 萬件印刷品，當中囊括 470 種語言，加上電影、音樂等，館藏總數達 1 億 7000 萬件，稱之為知識的殿堂也不為過。

哈利波特

電影版中的霍格華茲學校圖書館，其實是以牛津大學博德利圖書館建築羣中的漢法利公爵圖書館作為拍攝場地。它始建於 1602 年，其古風很適合作為霍格華茲的一個場景。

►博德利圖書館建築羣中的拱形建築。

守護人類與文明的堡壘

當閱讀自由受到侵犯，圖書館是守護基地；到天災降臨，它甚至化身成保護人類的場所。

圖書館戰爭

圖書館在這小說佔有重要地位，故事虛構日本政府制定「媒體良化法」，出版與閱讀自由受嚴格限制。人們為保衛應有的權利，訂立「圖書館自由法」，以圖書館為根據地，成立圖書館隊，與對方展開荷槍實彈的戰爭。

圖書館戰爭

有川浩

作者：有川浩
台灣國際角川書店股份有限公司

▲電影版內的主要場景——武藏野第一圖書館，其實由數間圖書館組合而成，包括上圖外型特別的北九州市立中央圖書館。

自由法是作者參照日本圖書館協會於1979年訂立的〈關於圖書館自由的宣言〉寫成的。

〈關於圖書館自由的宣言〉

一 圖書館有收集資料的自由。
二 圖書館有提供資料的自由。
三 圖書館要保守使用者的秘密。
四 圖書館反對所有審查。
當圖書館的自由受侵犯時，
我們要團結起來捍衛自由。

明日之後

片中男主角的兒子與災民到紐約公共圖書館躲避風雪嚴寒，期間眾人燒書取暖，圖書館在此就成了避難的地方。此圖書館創立於1895年，有1所主館和85所分館，下圖是主館的閱覽室。

圖書館有龐大資訊，只要好好利用，必有所裨益。

讓人們成長之處

夢幻街少女

動畫版由宮崎駿製作，講述少女月島雫因一段奇遇認識同學天澤聖司。為與天澤看齊，月島決心成為作家，在圖書館努力看書收集寫作材料，因此圖書館成為了協助主角達成夢想的地方。

讀者的理想國度

海邊的卡夫卡

這部村上春樹的小說以雙線發展故事，一方面少年田村卡夫卡為逃避父親的預言離家出走，另一方面老人中田因一宗兇殺案而與同伴星野展開旅程。兩條線以甲村紀念圖書館串連起來。

怎樣才算是理想的圖書館？
我看過小說，故事裏文盲的中田與識字的星野也到過位於高松的市立圖書館看書，對首次進入圖書館的他們是種新的體驗，亦令他們有所成長。

那是一所虛構的圖書館，雖然不大，但環境優美，書庫可自由出入，所有讀者均能舒服地看書。該圖書館的職員大島說過，希望「營造一個能安靜讀書的親密空間」，這可能是作者心目中的理想圖書館形象。

時報文化出版企業股份有限公司

他可看畫冊和相冊，圖書館歡迎任何身份的人到來。

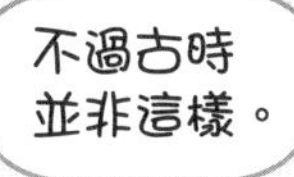

不過古時並非這樣。

西方圖書館的演變

古時歐洲圖書館大多只供王侯貴族、學者等特權人士使用，貧窮百姓較難進入。

年份

尼普爾城檔案館

約公元前3000年

位於美索不達米亞的尼普爾城（今日伊拉克東南部）的一座神廟，當中藏有大量刻有文字的泥板，是現時發現的最古老圖書館。

*關於古人的記事材料，可參看35-39頁。

亞塞巴尼拔圖書館

公元前7世紀

位處美索不達米亞的亞述首都尼尼微城（今日伊拉克摩蘇爾附近），是亞述王——亞塞巴尼拔的圖書館，收藏超過25000塊泥板，且按系列排放，是首座有系統地編目的圖書館。

亞歷山大圖書館

公元前3世紀

曾是世界最大的圖書館，位於埃及亞歷山大港，當時該處是埃及與歐洲、阿拉伯和印度之間的貿易中心，故得到大量海外典籍。相傳館內藏書達70萬卷，學者在其中作研究和學術交流，後來全館被焚毀。

▲ 19世紀繪畫的亞歷山大圖書館內部想像圖。

5至15世紀

到中世紀，除了貴族和富商藏書，許多書都在修道院的圖書館內，大多只供修士閱讀。

大約 12 至 13 世紀，教會和一些學者率先開辦大學，當中設置圖書館，供校內學生使用。

▲聖加侖修道院圖書館，創立於 719 年，藏有大量手抄本。現時建築於 1767 年改建而成。

16至18世紀

歐洲經歷文藝復興、宗教改革、法國大革命等，人心思變，渴求更多閱讀空間，逐漸出現一些對外開放的圖書館。

1653年

▲英國曼切斯特的切塔姆圖書館，被譽為英語世界歷史最悠久的免費對公眾開放的圖書館。

1850年

英國頒佈公共圖書館法案，允許一萬人以上的市鎮，徵稅發展地方公共圖書館，讓人們使用。

中國也有圖書館嗎？

有類似的地方。

中國式「圖書館」——藏書樓

早於商周時代已有藏書地方，稱為龜室、圖室等。後來陸續出現各種名稱，其中就有藏書樓。藏書樓用於保存書籍，未必開放予公眾使用。由於古時藏書常毀於火災，故藏書樓都着重防火設計，其中以明代范欽所建的天一閣最著名。

天一閣於1982年被國務院定為重點保護的文物。

天一閣建於浙江，是中國現存最古老的私人藏書樓。樓的四周留有空地，並建起圍牆，與起居處分隔，附近又修築水池防火。由於設計完善，後人多作模仿，如清代乾隆皇帝曾下令，收藏《四庫全書》的七座藏書樓須依其仿造。

現代圖書館的類型

可分為以下數種：

國家圖書館

由中央政府建立，主要工作是集中收藏與整理全國文獻、編制國家書目等，以保存國家文化，故通常也是法定送存的地方。

圖書館小知識 法定送存是甚麼？

即法律規定團體及個人發表的出版物，須送呈數本到國家圖書館或指定的收藏地方。

香港也有送存制度，凡於香港出版製作的書刊，完成後1個月內須繳交5本至政府書刊註冊組。

公共圖書館

以普羅大眾為服務對象，提供各種圖書資訊服務，推廣文化教育，如前述的屏山天水圍公共圖書館和紐約公共圖書館皆在此列。另外也有流動圖書車，在遠離圖書館或偏遠的地區提供服務，通常以大型車輛改裝而成。

香港的流動圖書館

大學圖書館

主要為大學或高等學院服務，館藏較專門和豐富，方便大學師生研究學習之用。

學校圖書館

設於中小學的圖書館，提供教學與學習媒體資源，幫助培養學生的閱讀習慣。

專門圖書館

收集某一專門主題為館藏或為特定人士提供服務，如為失明人士設立的日本點字圖書館。

謎題 8

你能選出全部符合以下提示的書嗎？

1. 藍色或綠色
2. 右邊有書
3. 藍色的左邊不是紅色
4. 綠色的右邊不是黃色

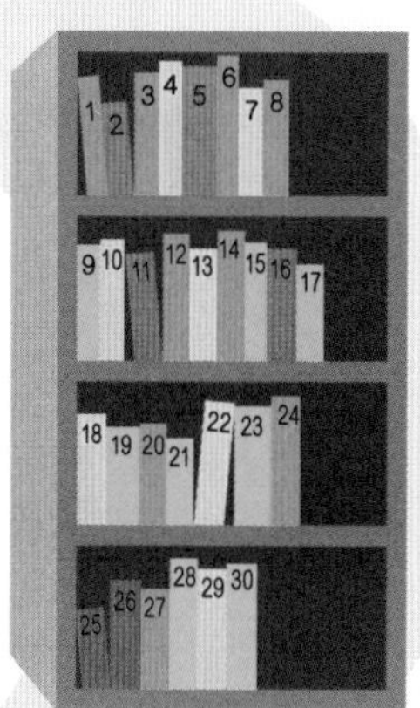
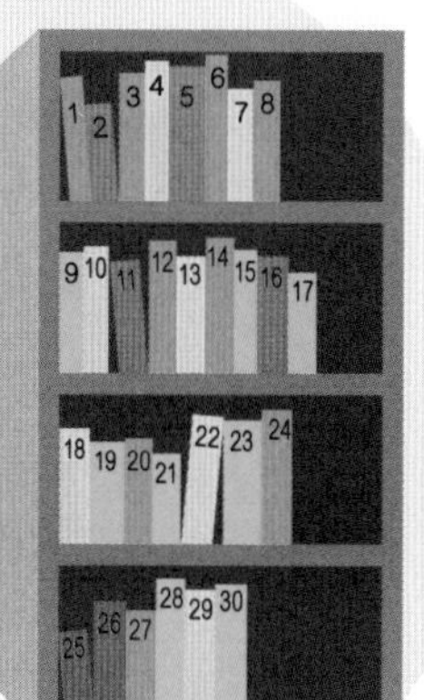

謎題 9

如 1=A、2=B、3=C……如此類推，你能把上題答案書籍的編號，拼成一個英文字嗎？

我全部答對了！

但我不懂呀！
翻到 128 頁看答案吧！

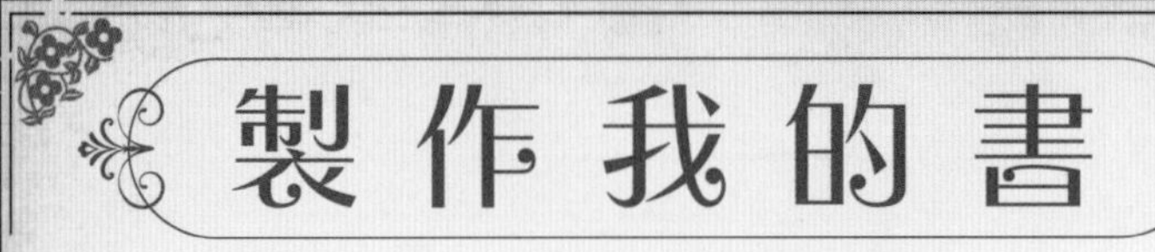

製作我的書

開卷有益，讀完關於書的種種趣事，也想親手體驗一本書的製作？事不宜遲，準備好各樣工具，馬上動手吧！

製作難度：★★★☆☆
製作時間：約 30 分鐘

彩色勞作紙（20.4cm x 42cm）1 張
彩色 A4 紙 / 勞作紙（21cm x 29.7cm）1 張
包裝紙 2 張
從紙盒剪下硬卡紙
剪刀
美工刀
漿糊筆

製作書脊

❶

將 A4 紙對摺。

❷

用美工刀裁半。

❸

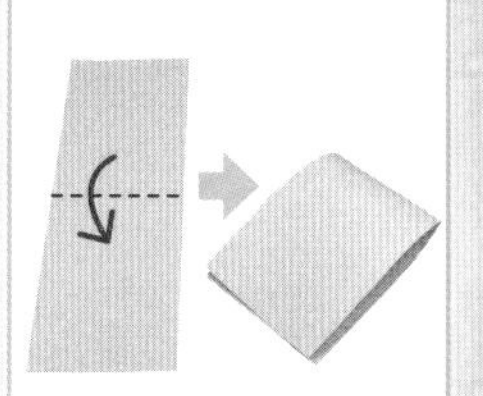

拿半張紙對摺。

❹ 開口的其中一邊往上摺。

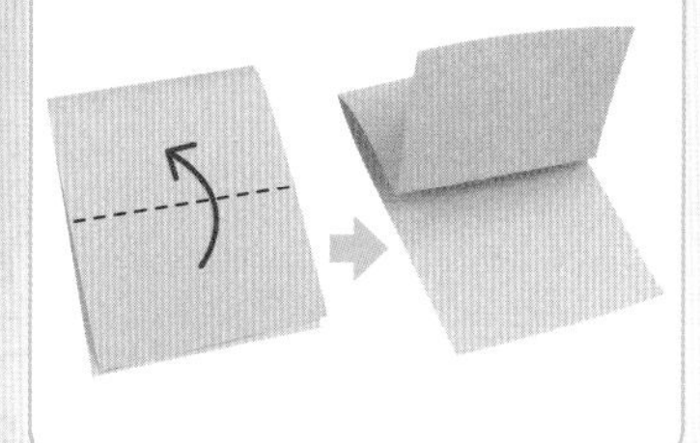

❺ 反到後面，另一邊也往上摺。

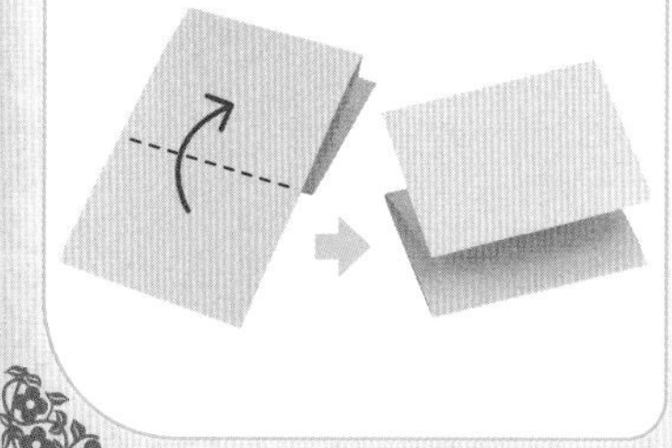

❻ 開口位再往上摺。

只摺起一邊

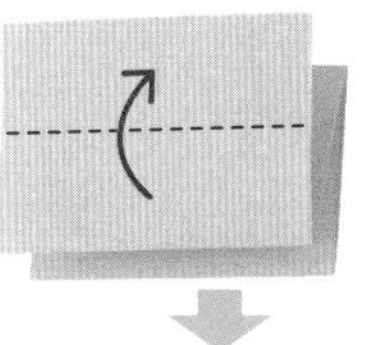

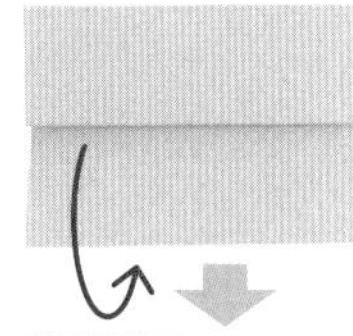

反到後面

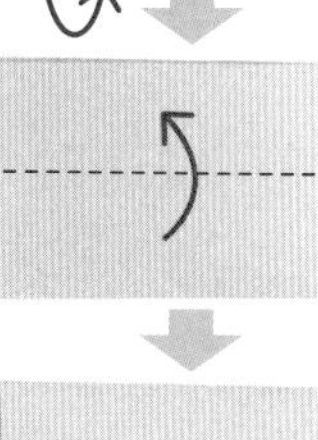

同樣往上摺

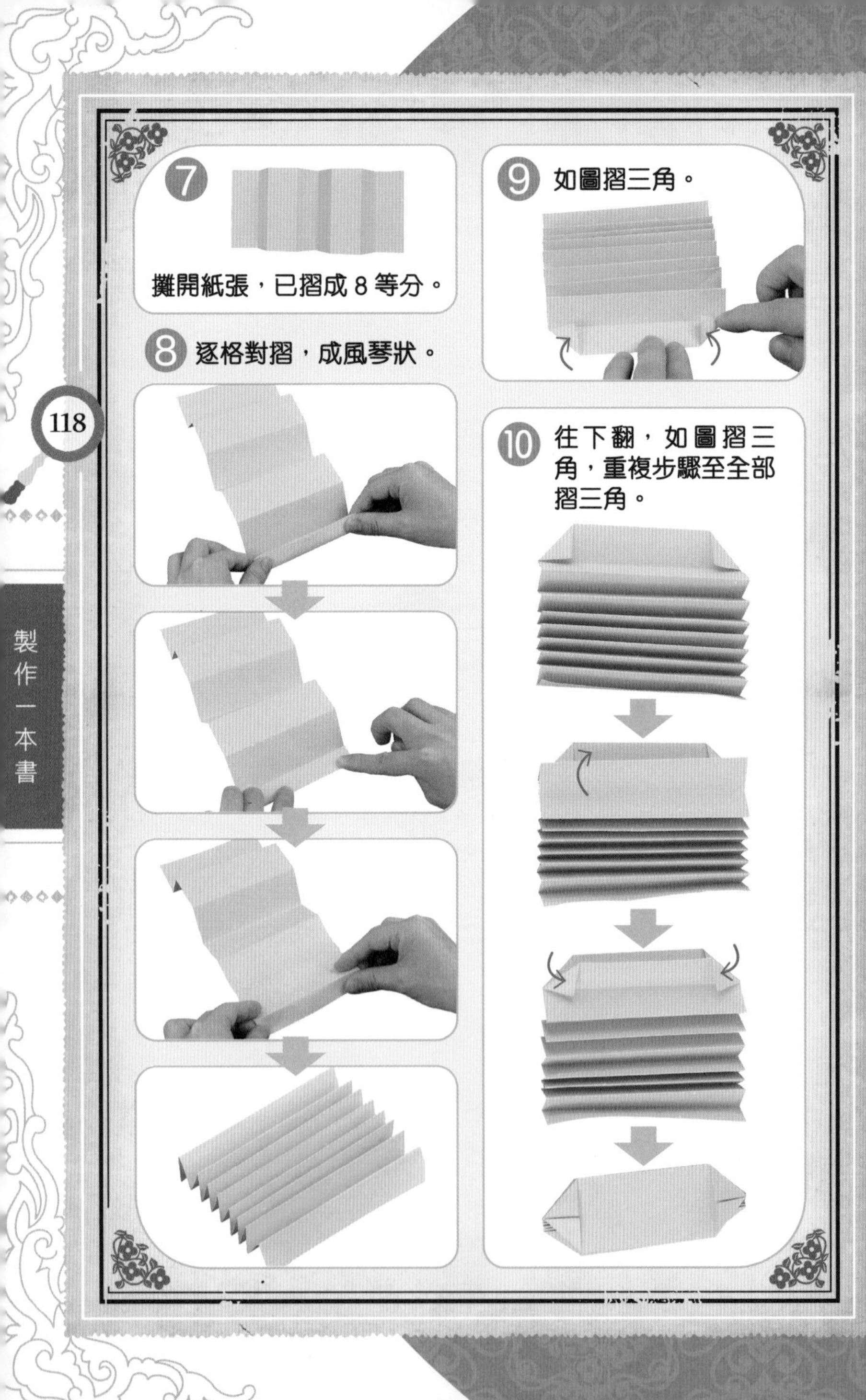

7
攤開紙張，已摺成 8 等分。
8 逐格對摺，成風琴狀。
9 如圖摺三角。
10 往下翻，如圖摺三角，重複步驟至全部摺三角。

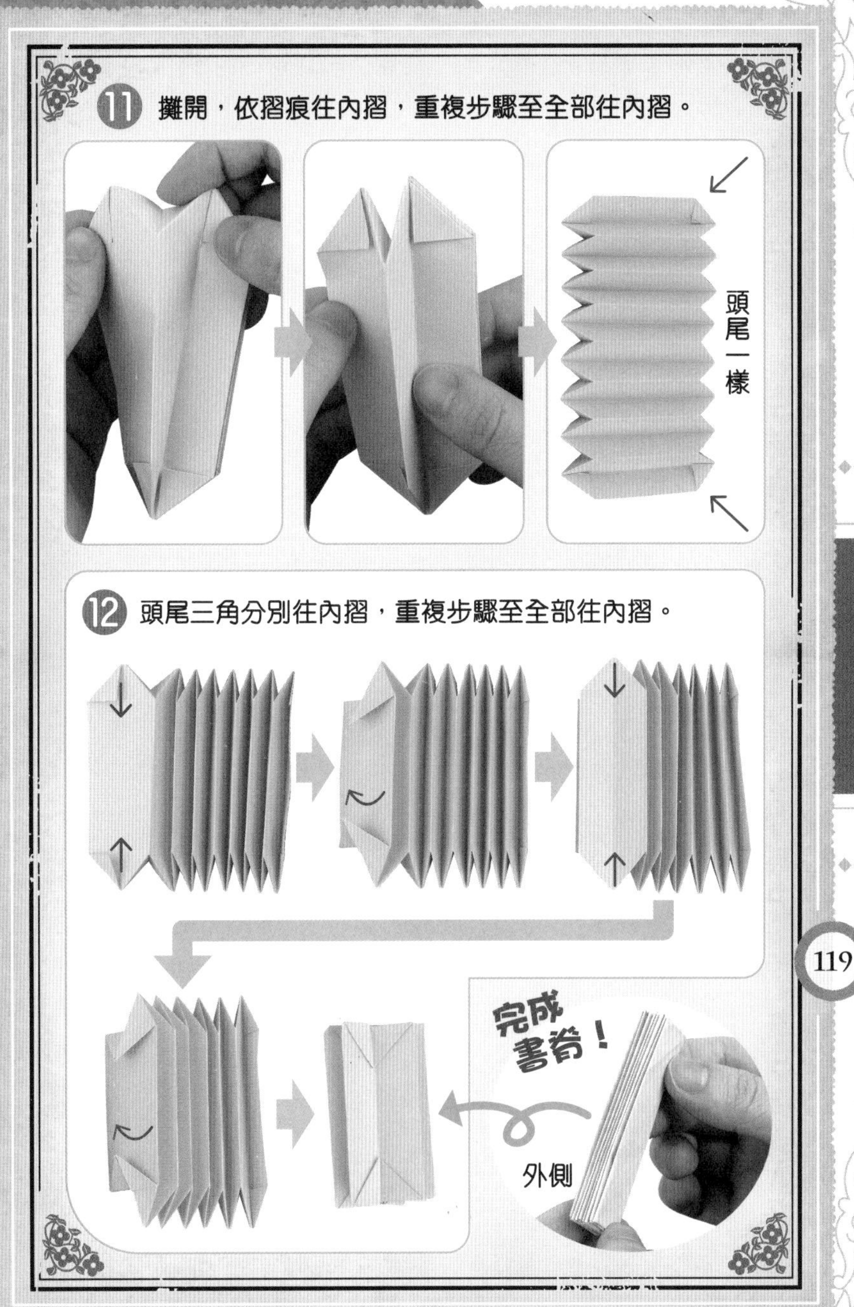
11 攤開，依摺痕往內摺，重複步驟至全部往內摺。
頭尾一樣
12 頭尾三角分別往內摺，重複步驟至全部往內摺。
完成書脊！
外側

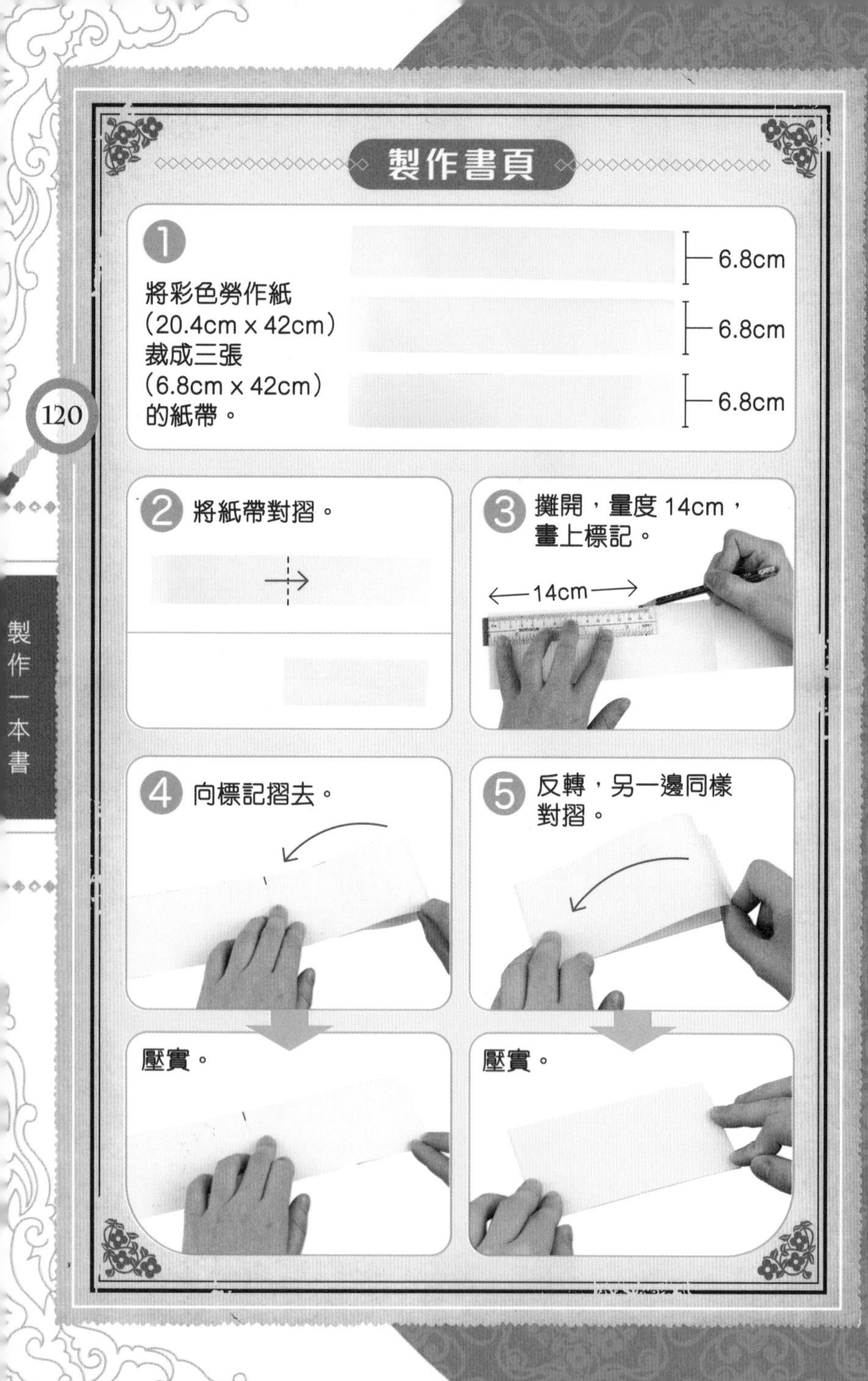
製作書頁
1
將彩色勞作紙
(20.4cm x 42cm)
裁成三張
(6.8cm x 42cm)
的紙帶。
6.8cm
6.8cm
6.8cm
2 將紙帶對摺。
3 攤開，量度 14cm，
畫上標記。
14cm
4 向標記摺去。
5 反轉，另一邊同樣
對摺。
壓實。
壓實。
120
製作一本書

⑥ 如圖般對摺。

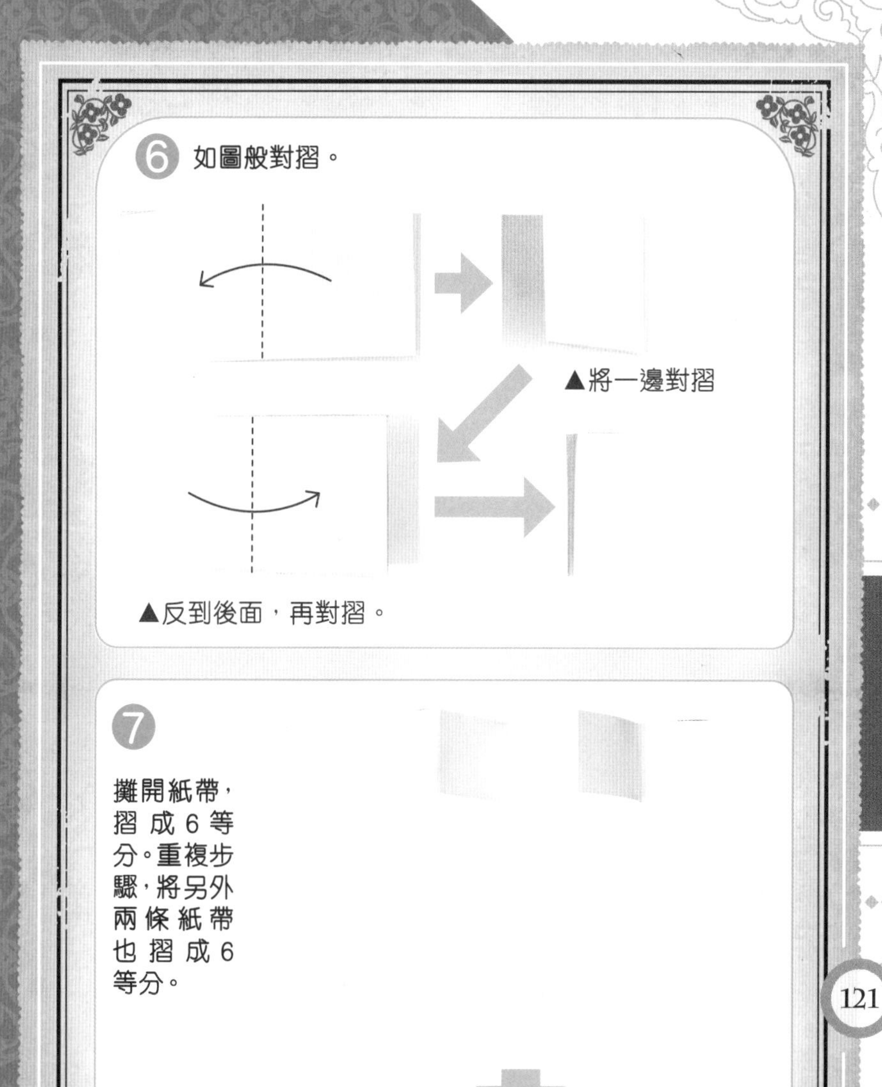

▲將一邊對摺

▲反到後面，再對摺。

⑦

攤開紙帶，摺成6等分。重複步驟，將另外兩條紙帶也摺成6等分。

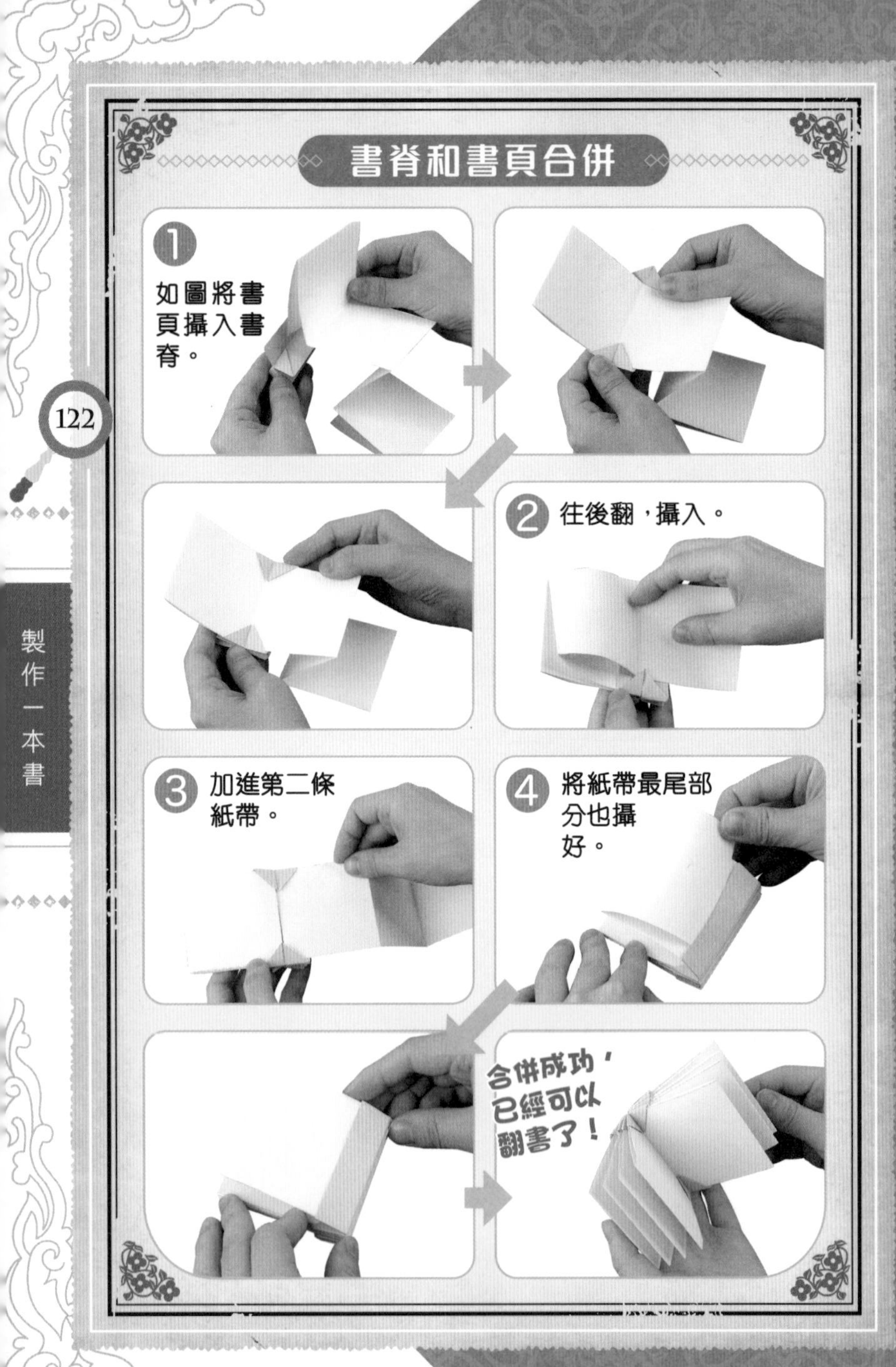
書脊和書頁合併
1 如圖將書頁攝入書脊。
2 往後翻，攝入。
3 加進第二條紙帶。
4 將紙帶最尾部分也攝好。
合併成功，已經可以翻書了！

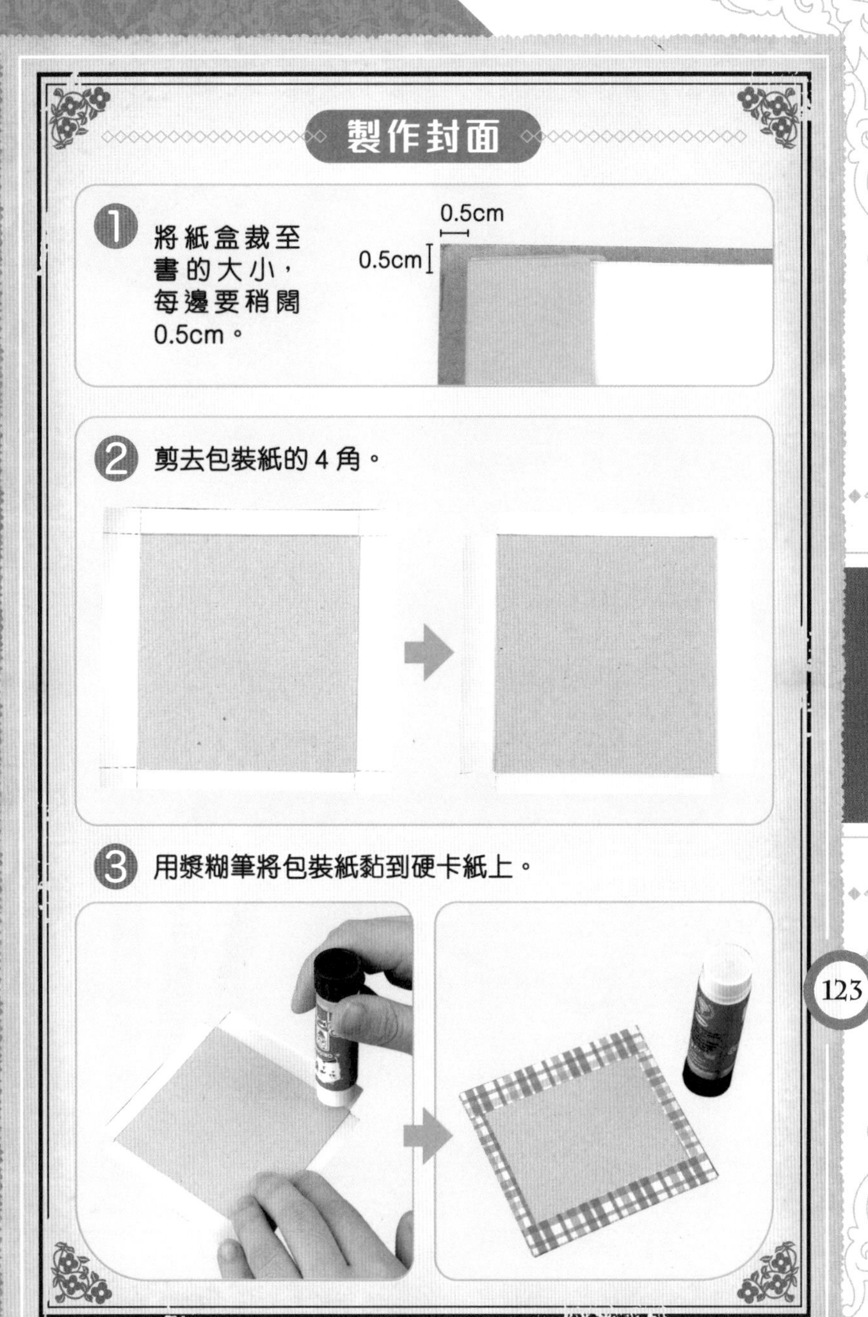

製作封面

1 將紙盒裁至書的大小，每邊要稍闊0.5cm。

2 剪去包裝紙的4角。

3 用漿糊筆將包裝紙黏到硬卡紙上。

④ 黏到書面上。
＊注意漿糊別塗到邊緣。
⑤ 重複步驟，書背也黏上封面。
完成！
寫上你喜歡的內容，便編成一本全新的書了。

如何製作大小不同的書？

① 首步裁剪 A4 紙時，可以剪出自己想要的高度。（例：16cm）

16cm

教學的製作是用了半張紙的高度

② 摺成書脊後，量度書脊的高度。（例：12.2cm）

16cm

12.2cm

③ 紙帶高度每邊比書脊少 0.2cm

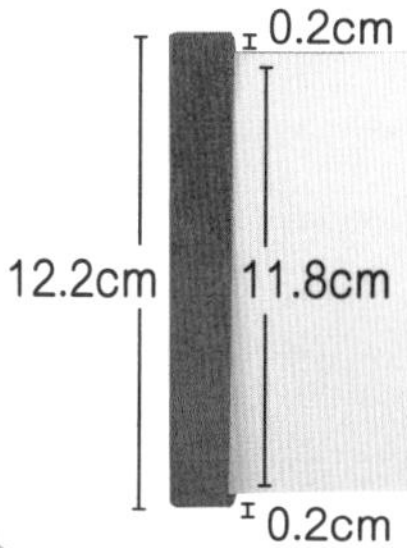

④ 如每頁長度為 12cm，總長度即 12 x 6 = 72cm。

12cm 12cm 12cm 12cm 12cm 12cm

▲每張紙帶要摺 6 等分，總長 72cm。

11.8cm

▶每頁的面積

12cm

⑤ 所需紙張大小：
書脊（16cm x 29.7cm）、
書頁（11.8cm x 72cm）。
最後便能製作出如右圖般大小的書了。

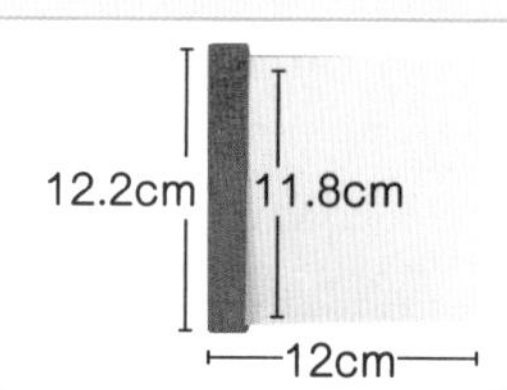

備註：圖片版權